안전
한국
만들기

안전한 국가를 지향하는 안전보건경영시스템

안전 한국 만들기

사회적책임경영품질원·KSR인증원 지음

자유아카데미

머리말

안전(Safety)은 모든 나라, 모든 국민에게 대단히 중요한 문제이다. 안전한 사회란 자연재난, 사회재난, 산업재해 등으로부터 안전한 사회를 의미한다. 우리나라는 경제적으로 선진국의 반열에 올랐지만, 안전의 측면에서는 아직도 중진국의 수준에 머물러 있다. 이에 사회적책임경영품질원과 KSR인증원이 공동으로 안전한 한국의 실현을 바라며 『안전한국 만들기–안전한 국가를 지향하는 안전보건경영시스템』을 발간하게 되었다.

고용노동부에서는 국내 사업장의 산업재해 감소를 위해 산업안전보건법에서 정한 사업주의 의무를 이행토록 규정하고, 이에 대한 지도·감독을 통하여 법규 준수 여부를 확인하는 방식으로 사업장에 대한 안전관리 업무를 주도해 왔다. 정부의 산업재해 예방정책이 산업안전보건에 대한 사업주의 인식이나 태도에 많은 변화를 가져왔다고 볼 수 있지만, 안전 문제 중에서도 사고 또는 재해 발생의 근원을 해결하기는 어려운 것이 현실이다. 우리나라는 2015년을 기점으로 산업재해가 일정 수준에서 유지되는 정체 현상을 보이거나 오히려 증가하고 있는데, 이는 정부 주도의 일방적인 규제 방식에 의한 안전관리 방식이 그 한계점을 노출한 결과로 보인다. 이러한 사실은 산업재해 감소를 위한 기존의 정책과 실행 방법이 서비스업 근로자의 급증 등 산업구조의 변화와 환경의 변화에 따라 한계가 있음을 보여준다.

ISO 45001 및 KOSHA MS 등 자율적인 안전보건경영시스템의 인증은 대기업이나 대기업의 협력업체에서 안전보건경영체계를 구축·운영하고, 산업재해 예방을 목표로 운영되어 왔다. 그러나 국내 산업현장 근로자 수는 50인 미만 소규모 사업장이 전체의 59.6%, 100인 미만 중소규모 사업장 근로자 수는 전체의 69.9%를 차지하고 있어서 국제표준화기구(ISO)에서 제정한 안전보건경영시스템을 우리 산업현장에서 일률적으로 광범위하게 적용하기에는 한계가 있어 온 것도 사실이다.

최근 몇 년간 우리나라는 안전보건 이슈가 기업의 가장 중요한 경영 화두가 되었고, 이에 대한 사회적 요구도 법제화되면서 기업의 의무사항으로 자리 잡아가고 있다. 우리나라 안전보건관리에 대한 변화의 흐름 가운데 표면적으로 가장 크게 보이는 것은 2021년 1월 산업안전보건법의 전면 개정과 2022년 1월부터 시행하고 있는 '중대재해 처벌 등에 관한 법률(약칭: 중대재해처벌법)'이다. 사회적책임경영품질원과 KSR인증원에서는 우리의 당면한 '안전한국 만들기' 전략의 하나로 '안전한 국가를 지향하는 안전보건경영시스템 활성화 전략'을 제시하는 가이드북의 발간 필요성을 직시하고 이 책을 출간하게 되었다.

이 책은 모두 4개의 장으로 구성되었다. 제1장에서는 "우리나라는 안전한 국가인가?"에 대하여 살펴본다. 우리나라의 안전문화와 국민의 안전의식 수준을 살펴보고, 현행 안전보건경영시스템의 국내외 동향, 재해·재난 사고의 발생 현황, 국내 안전보건 관련 법령과 제도, 그리고 우리나라의 안전보건 관련 국가적 과제를 살펴본다. 제2장에서는 현행 안전보건경영시스템 관련 표준화 실태로서 ESG 경영과 안전보건경영시스템의 중요성, ISO 45001과 KOSHA MS 안전보건경영시스템의 운영실태와 ISO 22031 비즈니스연속성경영시스템의 운영실태를 살펴본다.

제3장에서는 국내외 안전보건경영시스템 운영 현황으로서 국내외 안전보건경영시스템 관련 조직 및 역할, ISO 45001, ISO 22301 인증 및 교육 현황과 안전보건경영체계 구축과 안전성 확보 방안에 대하여 살펴본다. 마지막 제4장에서는 현행 제도의 문제점과 개선 방안으로 안전한 국가를 지향하는 통찰과 전망으로서 한국의 안전 현황에 대한 통찰을 제시한다. 또한 디지털 전환기의 안전보건경영시스템의 발전 전략, 그리고 안전한국으로 가기 위한 위상 제고 방안과 발전 로드맵을 제시해 본다.

저자들은 중소기업을 포함한 우리나라의 모든 산업계가 안전보건경영시스템을 도입 운영하여 근로자의 안전과 생명을 보호하고, 우리나라가 세계적인 안전 모범 국가 '안전한국(Safety Korea)'이 되기를 진심으로 기원한다. 또한 저자 일동은 이 책을 통하여 모든 기업이 안전보건경영시스템의 중요성을 인식하고 적극적으로 도입 실천함으로써 기업의 지속적인 발전을 도모하고 '안전한국'의 중심 역할을 해줄 것을 간곡히 당부하고 싶다.

2024년 10월 저자 일동

차례

2장 안전보건경영시스템의 국제표준화

3장 국내외 안전보건경영시스템 운영 현황

4장 안전한 국가를 지향하는 통찰과 전망

1 장

우리나라는 안전한 국가인가?

01 안전보건문화와 국민의 안전의식

안전보건문화의 정의와 개념

미국의 심리학자인 매슬로우(Maslow, 1908~1970)는 인간의 기본욕구 5단계 이론에서 첫 번째 단계인 생리적인 욕구 다음에 안전(safety)에 대한 욕구를 2번째로 언급하며 안전에 대한 중요성을 강조하였다. 안전에 대한 욕구가 충족되지 않고는 사회적인 욕구, 존중에 대한 욕구에 이어서 궁극적으로 자아실현의 욕구도 불가능할 것이다.

안전 분야의 대표적인 이론으로는 미국 산업안전의 선구자로 평가받는 허버트 윌리엄 하인리히(Herbert William Heinrich)의 '1:29:300 법칙'을 꼽을 수 있다. 하인리히는 1931년 그의 저서 『산업재해 예방을 위한 과학적 접근(Industrial Accident Prevention: A Scientific Approach)』을 통해 재해 발생 과정에 대한 일련의 통계법칙을 제시했다. 하인리히는 이 법칙을 통해 한 건의 심각한 재해(8일 이상 휴업)가 발생하기 전에는 경미한 사고가 29건(휴업 1일 이상 7일 미만), 300건(휴업 1일 미만) 이상의 불안전한 아차사고(Near-Miss)의 징

후가 나타난다고 주장했으며, 이를 바탕으로 중대재해를 예방하기 위해서는 경미한 사고 징후를 적극 분석하고 대책을 세워나가야 한다고 강조했다.

안전보건문화(이하 "안전문화")라는 용어와 안전관리를 문화 차원에서 접근해야 한다는 주장은 1906년 미국 US철강 회사의 엘버트 헨리 게리(E.H.Gary) 회장이 경영방침에서 안전제일(The first is Safety)을 강조하며 등장했다. 그로부터 50년 만인 1950년대 초반, 키넌(Keenan, 1951) 등이 미국 내 자동차 공장 근로자들의 심리적 문화와 재해 발생 사이에 상관관계가 있다고 최초로 발표하며 다시 주목받게 되었다. 그 이후 학자들 사이에서 위험사회에서 안전문화를 응용하는 방식의 학술연구가 지속되어 오다가, 현대에 이르러 실무적으로 활용되기까지 하는 전성기를 맞고 있다고 해도 과언이 아니다. 안전문화는 안전관리의 형태 및 효과(성과), 안전관리에 대한 몰입을 결정하는 개인 및 그룹의 가치, 태도, 인식능력 그리고 행동유형의 결과물을 말한다.

처음으로 안전문화 개념이 전략적으로 중요하다고 언급한 문헌은 1984년 인도 보팔에서 발생한 유니온 카바이드(Union Carbide) 공장 폭발사고 보고서이다. 안전문화라는 용어가 산업계에서 본격적으로 사용되기 시작한 것은 원자력발전 산업부터였다. 1986년 국제원자력자문단(INSAG, international nuclear safety advisory group)은 체르노빌 사고에 대한 보고서에서 안전문화라는 용어를 언급하며 사고에 대비한 조직의 오류 및 설비장치 운영자의 규정위반 원인을 설명했다. 조직의 안전관리 실패를 설명하면서 안전문화라는 용어를 언급한 것이다. 이후 안전문화는 원자력발전소 기본 안전원칙 중 가장 우선적인 원칙으로 제시되기 시작했다. 국제원자력기구는 안전문화의 주요 요소를 정책 차원, 관리자 차원, 개인 차원의 요인들로 정리했다.

즉, 안전문화라는 용어는 1986년 소련 체르노빌 원자력 누출사고에 따른 국제원자력안전자문단(INSAG)의 보고서에 처음 사용하였으며, 안전문화는 조직과 개인의 자세와 품성이 결집된 것이자 모든 개인의 헌신과 책임이 요구되는 것으로 정의되었다. 지금까지 여러 학자들이 그 나라의 문화와 생활방식 등에 근거하여 여러 가지 정의를 하여 왔으나 최근 안전문화홍보실을 운영하면서 산업안전보건문화 확산사업을 지속적으로 추진 중인 한국산업안전보건공단은 **"안전문화란 안전제일의 가치관이 개인 또는 조직구성원 각자에 충만되어 개인의 생활이나 조직의 활동 속에서 의식, 관행이 안전으로 체질화된 상태로서 인간의 존엄과 가치를 구체적 실현을 위한 모든 행동양식이나 사고방식, 태도 등 총체적인 의미를 지칭함"**으로 정의함으로써 그 의미가 더 쉽게 와닿게 하였다.

그리고 새로운 안전문화 개념을 정립하였는데 그 내용을 살펴보면 "안전을 실천하는 의식, 안전을 유도하는 제도, 안전을 가능하게 하는 인프라가 결합해 만들어 내는 사회적 문화적 산물"로 개념정리를 하였다. 그 내용을 살펴보면 안전의식, 안전제도 및 인프라가 상호 결합하여 존재하는 것으로 정리되어 있다.

- **안전의식:** 안전제일의 가치관이 개인의 생활이나 조직의 활동 속에 체질화된 상태
- **안전제도:** 안전한 활동을 끌어내고 인프라를 구축할 수 있도록 유도하는 법, 제도 등
- **인프라:** 불안전한 상태를 제거한 시설물 및 안전활동을 가능하게 하는 사회적 시스템

우리나라 안전문화의 연혁

① '90년대 초('91.8.20.~'92.8.20.) 노동부와 매일경제신문사가 공동으로 재해예방을 위한 『무재해 천만명 서명운동』을 전개하여 국민안전문화 의식을 촉진시키는 계기 조성

② 95.2.15. 제6회 국무회의 시 부산 한진중공업 선박화재('95. 2. 7.)사고를 계기로 정부차원의 대책들이 일선현장에 침투되도록 "범국민 안전문화운동"을 전개하라는 국무총리의 구두지시

③ 95.5.29. 『안전문화추진중앙협의회』 1차 회의를 국무총리 주재로 개최하고 안전문화추진위원회를 노동부가 운영하고 안전보건공단에 추진본부를 설치하기로 함

④ 95.7.20. 『안전문화추진위원회』 구성

- 공동대표: 노동부 장관, 노총위원장, 경총회장, KBS 사장, 매일경제신문사장

⑤ 95.8.16. 안전보건공단에 안전문화 추진본부 중앙사무국 설치

⑥ 95.9~10. 안전문화 추진 지역협의회(의장 :지자체장) 및 지역사무국 구성(안전보건공단 산하기관 17개소)

⑦ 96. 4월부터 매월 4일을 『안전점검의 날』로 지정하여 범국민적인 안전문화 활동 참여를 유도하고 지역사회의 안전문화 지도자 육성과 시민단체의 자율적인 안전문화 활동을 적극 지원하는 등 지속적으로 안전문화 운동을 전개

⑧ 2003~2008. 소방방재청이 『재난 및 안전관리기본법』 근거로 안전문화사업 전개

⑨ 2009. 행정안전부에서 재난안전실을 신설, 정부부처 기능별 안전문화 사업을 총괄

⑩ 2013. 정부조직법 개정에 따라 행정안전부에서 안전행정부로 명칭 변경

⑪ 2014.11. 국민안전처 신설

- 세월호 사고(14.4.16.)를 계기로 국무총리실 산하에 국가적 재난관리를 위한 재난안전 총괄부서 설립

⑫ 2017.7. 국민안전처와 행정자치부를 통합하여 행정안전부로 개편

- 2018.1월부터 8대 분야(교통, 재난, 치안, 취약계층 보호, 시설, 산업, 보건, 사고)의 생활안전지도 제공
- 2017.7. 정부조직법 개정에 따라 행정안전부 소속에 소방청 추가

⑬ 2019.1.15. 산업안전보건법 전면 개정(시행 2021.1.16.)

⑭ 2021.1.26. 중대재해처벌 등에 관한 법률 제정(시행 2022.1.27.)

안전의 분류

행정안전부는 국민과 전문가를 대상으로 안전 체감도, 인식도, 실천도 등 국민이 느끼는 안전에 대한 의식과 제도개선 의견 등 2023년 하반기 국민 안전의식을 조사하고 그 결과를 발표하였다. 본 조사는 안전에 대한 국민의 의식 변화를 조사해 정책의 개선, 연구 등에 기초자료로 활용하기 위해 2019년부터 실시되고 있으며, 2023년에는 국민 9천여 명을 대상으로 반기별 정기조사와 함께 수시조사도 실시하였다. 이 조사에서 사용된 안전 분야는 〈표 1.1〉과 같이 분류된다.

표 1.1 안전 분야별 분류 체계

구분	주요 재난	비고 (관련 법)
자연재난	태풍, 홍수, 호우, 강풍, 풍랑, 해일, 대설, 낙뢰, 가뭄, 지진, 황사, 조류(藻類)대발생, 조수(潮水), 화산활동 등에 준하는 자연현상으로 인하여 발생하는 재해	• 자연재해대책법(행정안전부) • 재난 및 안전관리 기본법(재난안전법)(행정안전부)
사회재난 및 기타재해	화재, 교통 사고, 감염병, 안보 위협	• 재난안전법(행정안전부) • 감염병 예방 및 관리에 관한 법률(보건복지부) • 가축전염병예방법(보건복지부)
	범죄, 원전 등 방사선사고	
	환경오염, 사이버테러, 어린이 안전	
	노후건축물 및 시설물 붕괴, 화재폭발 등	
산업재해	건설물, 설비, 원재료, 가스, 증기, 분진 등에 의하거나 작업 또는 그 밖의 업무로 인하여 사망 또는 부상하거나 질병에 걸리는 재해	• 산업안전보건법(고용노동부) • 중대재해 처벌 등에 관한 법률(산업자원부, 고용노동부, 법무부, 환경부, 국토교통부, 중소벤처기업부, 공정거래위원회)

안전문화의 선진화

현재 우리의 안전보건문화 수준은 안전보건문화 도약기 단계로, 법규준수 등 산업재해예방활동을 강제하는 방식으로는 산업재해율을 획기적으로 감소시키기 어려운 상황이라고 모두가 인식하는 단계로 보인다.

산업구조(다단계 도급, 플랫폼 산업 등)·취업구조(특수형태종사·비정규직·여성·외국인노동자의 증가 등) 및 산업현장의 변화(4차 산업혁명, 신기술·신규화학물질 사용 등)로 사업장 내의 유해·위험요인이 다양화되어 있고, 또한 대다수의 중소규모 사업장의 사업주는 안전보건관리를 투자보다는 비용의 개념으로 인식하고 있으며, 사업장 내 자율적 안전보건활동이 저조한 것을 들 수 있다.

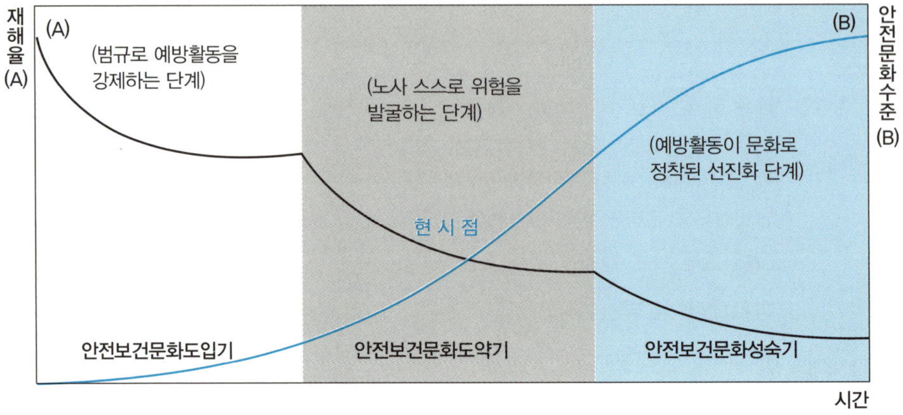

그림 1.1 재해율과 우리의 안전문화 수준의 상관관계
출처: 한국산업안전보건공단(kosha.or.kr)

따라서 근로자의 안전과 건강이 확보된 「양질의 일자리」 창출 및 재해로 인한 경제적 손실을 막기 위해서는 안전제도(법규·기술), 안전의식(교육·홍보·자료), 안전인프라(시설·네트워크) 등 사업장의 자율적 안전문화 형성과 정착을 위한 기반 확충, 사업장 구성원의 안전보건의식 향상을 위한 노사참여형 안전보건문화 활동 유도가 필요하다고 본다.

① 노사단체, 시민단체 등의 전문성, 인프라, 네트워크를 활용한 안전문화 확산을 지원하고 산업안전보건분야 안전문화 인프라 확대
② 안전문화 선진화 정착에 기여할 수 있도록 관계부처의 범국민 안전문화 조성활동과 연계 추진이 필요하다.

따라서 우리의 현실은 산업측면, 그리고 국민소득 측면에서는 선진국에 진

표 1.2 안전의식수준 향상 프로그램

▶ 사업장의 안전의식 수준을 진단(평가)하여 향상 방안을 제시하는 프로그램으로, 사업장 단위로 참여

▶ 안전의식의 영역과 활동을 조합하여 16개 요인으로 구성된 도구로 안전의식 진단

영역 \ 활동	계획: Plan	실행: Do	점검: Check	개선: Action
안전가치 (Safety Value)	안전 신념	안전 몰입	안전성과 평가	안전가치 확산
안전운영 (Safety Practice)	안전운영체계 구축	안전 순응	안전운영체계 점검	안전운영체계 개선
안전교육 (Safety Training)	안전교육 설계	안전교육 실행	안전교육 효과 평가	안전교육 개선
안전소통(Safety Communication)	안전소통 채널 구축	안전소통 채널 활용	안전소통 채널 점검	안전소통 채널 개선

출처: 한국산업안전보건공단(kosha.or.kr)

입하였으나 안전보건문화 수준은 도입기를 지나서 도약기에 머무르고 있으며 성숙기로 진입하기 위하여서는 부단한 노력과 더불어 의식수준과 안전보건문화 수준의 향상이 그 어느 때보다도 중요한 시점이라고 할 수 있다.

이에 발맞추어서 안전보건공단에서는 2023년 〈표 1.2〉와 같은 안전의식수준 향상 프로그램을 개발하여 쉽게 안전의 가치, 안전운영, 안전교육 및 안전소통 등에 대하여 안전영역과 안전문화 활동이 PDCA 사이클(계획-실행-점검-조치)로 단계별로 진행되도록 구성하여 보급 중이다.

국민의 안전의식

행정안전부는 안전에 관한 정기조사를 통해 안전 체감도, 안전 인식도, 안전 실천도의 세 가지로 측정하였다. 특히 기후 변화 등 시의성 있는 정책분야

는 수시 조사를 통해 국민 인식을 측정하고 제도개선 의견 등을 수립하였다.

1. 안전 체감도

재난과 사고로부터 안전하다고 느끼는 정도를 표현하는 안전 체감도(5점 만점, 매우 안전 5점~매우 위험 1점)는 조사가 시작된 이후 최고점을 기록하였다. 사회 전반에 대한 안전 체감도는 3.19점(+0.15점, 상반기 대비 4.9%↑), 거주지역 체감도는 3.61점(+0.08점, 2.3%↑), 응답자 개인에 대한 체감도는 3.44점(+0.24점, 7.5%↑)으로 평가되었다(〈그림 1.2〉 참조).

행정안전부의 국민 안전의식 조사 결과에서 재해 분야별 일반국민의 안전 체감도를 살펴보면 〈그림 1.3〉과 같다. 일반 국민이 느끼는 안전 체감도는 전반적으로 2022년 상반기에서 2023년 하반기로 갈수록 안전하다고 느끼는 정도가 좋아지는 것으로 나타났다. 예를 들면 자연 재난에 대해서 2023년 하반기에 5점 만점 중에서 최고점(3.24점)을 기록하였고, 산업재해에 대해서도 3.06점을 기록해 최고점을 찍었다. 그러나 5점 만점 중에서 3점대 초반을 기록하고 있으므로 만족할 만한 수준은 아니다.

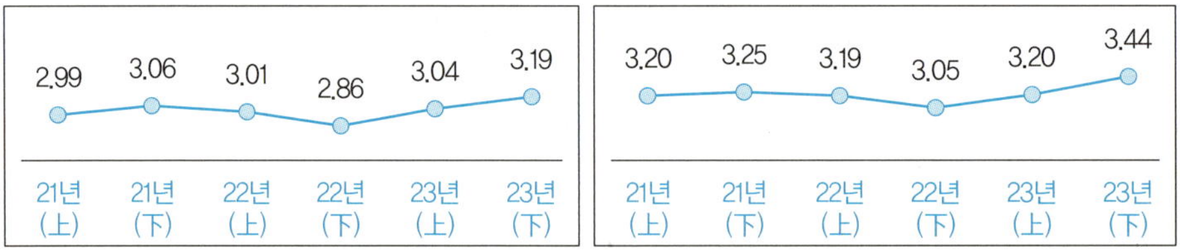

〈국민의 사회 안전 체감도〉 〈국민의 개인 안전 체감도〉

그림 1.2 국민의 안전 체감도 변화 추이(5점 만점)
출처: 행정안전부 2023년 하반기 국민안전의식 조사결과, 2024. 2. 28.

그림 1.3 일반 국민의 분야별 안전 체감도
출처: 행정안전부 2023년 하반기 국민안전의식 조사결과, 2024. 2. 28.

전문가를 대상으로 한 조사에서도 사회 안전 체감도는 3.24점(+0.33점, 11.3%↑), 거주지역 3.59점(+0.26점, 7.8%↑), 개인 3.45점(+0.34점, 10.9%↑)으로, 2022년 상·하반기와 2023년 상반기에 비해 모두 상승한 것으로 나타났다.

안전 체감도가 상승한 원인으로는 안전의식과 태도의 성숙(38.7%), 안전을 강조하는 문화 확산(27.2%), 법·제도·정책의 확립(17.6%) 등이 꼽혔다.

2. 안전 인식도

안전을 얼마나 중요하게 생각하고 개선을 위해 노력하는지 정도를 나타내는 안전 인식도(5점 만점, 매우 안전 5점~매우 위험 1점)도 상승한 것으로 나타났다. 사회 전체의 안전 인식도는 3.37점(+0.07점, 2.1%↑), 응답자 거주지역의 안전 인식도는 3.34점(+0.06점, 1.8%↑), 개인의 안전 인식도는 4.12점(+0.03점, 0.7%↑)으로 전년·전기 대비 상승하였으며, 전문가 조사도 동일한 양상을 보였다.

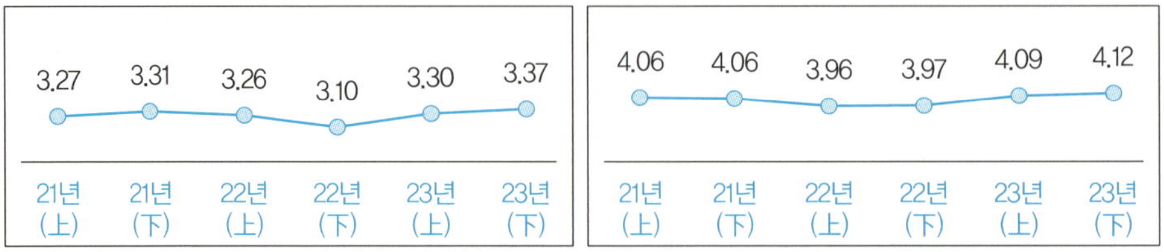

〈국민의 사회 안전인식도〉 〈국민의 개인 안전 인식도〉

그림 1.4 국민의 안전 인식도 변화 추이(5점 만점)
출처: 행정안전부 2023년 하반기 국민안전의식 조사결과, 2024. 2. 28.

3. 안전 실천도

안전수칙을 준수하며 사고 및 위험 요인에 대한 신고, 안전교육에 참여 정도를 나타내는 안전 실천도 역시 상승했다. 안전수칙을 준수한다고 응답한 국민은 79.5%(+4.6%p), 사고 발생 시 행정기관에 신고한다는 비율은 91.0%(+0.4%p)로 조사 시행 이후 최고점을 기록하였다.

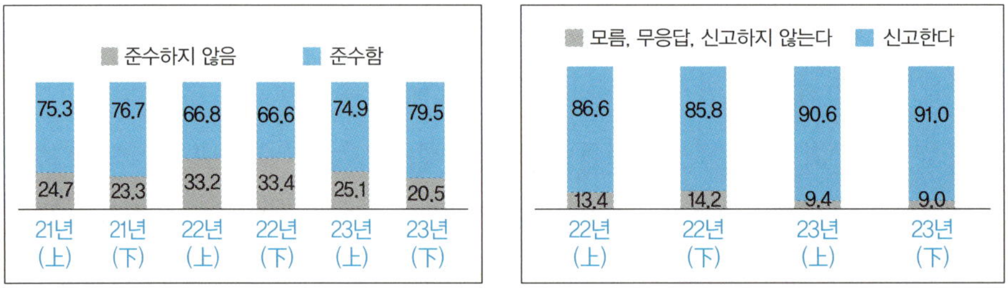

〈안전수칙 준수율〉 〈안전 신고 실천율〉

그림 1.5 국민의 안전 실천도 변화 추이(%)
출처: 행정안전부 2023년 하반기 국민안전의식 조사결과, 2024. 2. 28.

4. 재난안전 주요 정책에 대한 평가와 인식

재난안전 주요 정책 평가와 관련된 조사 중 기후변화에 관해서는 응답자의 69.6%가 기후변화 이슈에 관심을 두고 있으며, 83.4%가 기후변화 문제가 심각하다고 답하였다. 또한, 응답자의 다수는 기후변화가 자연재난 발생에 영향을 미친다고 응답(83.1%)했고, 기후변화로 인한 자연재난이 앞으로 더 증가할 것(85.4%)이라 답했다.

기후변화와 관련된 자연재난 중 가장 불안을 느끼는 재난으로 폭우·홍수·태풍(47.3%), 폭염·가뭄(24.4%), 대기오염(10.7%) 등을 꼽았다. 이와 관련해서 정부의 적극적인 대책 마련이 필요하다(85.1%)는 의견과 기후변화 영향을 고려한 시설물 설치기준 강화와 규제가 우선적으로 추진되어야 할 정책(60.5%)이라는 의견이 있었다.

이에 따라서 국제표준화기구(ISO)에서도 현행 안전보건경영시스템을 비롯한 다수의 현행 경영시스템 표준에 기후변화 고려를 위한 개정 내용을 반영토록 요구하였으며, 당연히 인증기관 및 인증기업에서도 경영시스템 운영 및 심사에서도 이를 적용하고 있다. 이를 확인·반영하여야 하는 조직과 조직 상황의 이해에서 기후변화를 고려하였는지, 이해관계자의 니즈와 기대에서 기후변화와 관련된 요구사항이 파악되었는지와 이해관계자의 요구가 있을 때 이에 대한 조치가 반영되었는지, 또한 조직의 목표나 방침 등에 이러한 고려가 반영되었는지 등이 고려사항으로 대두되었다.

02 안전보건경영시스템에 관한 국내외 동향

21세기 기업경영 환경에 있어서 이윤을 추구하기 위한 다양한 방법과 수단 중 손실의 최소화를 통한 이윤의 극대화 전략이 매우 중요한 요소로 인식되고 있다. 기업에 손실을 초래할 수 있는 요인에는 너무나 많은 것들이 관여되지만 안전보건관리의 실패로부터 기인한 산업재해의 결과로 나타나는 인적, 물적 손실은 그 어떠한 손실보다 크다고 할 수 있다. 우리나라의 경우 기업에 대한 과거의 전통적인 안전보건관리는 정부 주도형 제도와 정책적 수단을 통하여 효과적으로 정책효과와 가시적인 성과를 달성할 수 있었다. 그러나 사회구조의 선진화와 고용 형태의 다양화, 서비스 업종의 확대, 새로운 공정 및 설비의 상업화 등 우리가 이전에 경험하지 못했던 여러 변화 요인들이 산업현장 환경에 대두됨에 따라 기업의 안전보건경영 활동에도 새로운 패러다임이 요구되고 있다.

국내 사업장의 현실은 산업 고도화와 다양화에 따르는 안전조직, 안전시설, 안전시책마저 뒤따르지 못하고 낮은 안전의식과 안전절차 미준수 등에 기인한 산업재해가 빈번히 발생하고 있다. 아직도 일부 기업 또는 중소규모 사업장에서는 안전관리의 필요성조차 인식하지 못하고 있으며 근로자의 소중한 생명과 건강을 지키는 것에 대한 목표관리와 투자를 소홀히 하고 있다.

처음에는 이러한 문제를 과학기술의 발전으로 해결하고자 하였다. 인류의 이러한 노력은 나름의 안전보건관리에 이바지하였다. 그러나 기존의 기술적 접근방법, 명령과 규제 중심의 접근방법이 한계를 보임으로써 새로운 안전보건에 대한 변화된 패러다임이 등장하였다. 현대 위험사회에서 세계 각국은 지난 20여 년 동안 산업안전보건 문제를 해결하는 방법으로 산업안전보건경영시스템 접근방법의 도입이 보편화하고 있다. 다양한 실증적 연구는 이러한 안전보건경영시스템이 안전보건경영 성과의 지속적 개선에 유용한 도구가 됨을 보여주고 있다. 이의 적용을 활성화하는 방법은 국가에 따라서 법으로 의무적 도입을 강제하는 방법부터 시장 중심으로 자율적 활용에 이르는 방법까지 매우 다양하다.

지금까지 고용노동부에서는 국내 사업장의 산업재해 감소를 위해 산업안전보건법에서 정한 사업주의 의무를 이행토록 규정하고, 이에 대한 지도·감독을 통하여 법규 준수 여부를 확인하는 방식으로 사업장에 대한 안전관리 업무를 주도해 왔다. 그러나 지금까지 도입, 시행한 정부의 여러 가지 산업재해 예방 정책이 산업안전에 대한 사업주의 인식이나 태도에 많은 변화를 가져왔지만 미흡한 것이 현실이다.

산업재해가 연도별 통계를 통하여 그 추이를 살펴보면 〈그림 1.6〉과 같이 2015년부터는 일정 수준에서 더이상 감소추세를 보이지 않고 답보상태를 보이고 있으며, 오히려 증가하거나 일정 수준에서 유지되는 정체현상을 맞으면서 정부 주도의 규제방식에 의한 안전관리에 대한 한계점이 노출되었다. 이러한 현상을 타개하기 위하여 정부도 2022년 11월 『중대재해 감축 로드맵』을 마련하여 시행에 들어갔는데 이 정책은 사업주 규제 대신에 사업주가 자율적으로 자기규율예방 체계를 구축하고 이행하는 데 초점을 맞추고 있다. 정부 주도보다는 사업주가 주도적으로 산재예방체계를 구축하고 이행하는 것이 핵심이라고 말할 수 있다.

우리나라의 2023년 산업재해율은 0.66%(전년 동기 대비 0.01% 증가), 사고재해자 수는 113,465명(전년 동기 대비 6,251명[5.8%] 증가), 질병재해자 수는 23,331명(전년 동기 대비 197명[0.9%] 증가)으로 공표되었고, 사고사망자 수는 812명(전년 동기 대비 62명[7.1%] 감소), 질병사망자는 1,204명(전년 동기 대비 145명 [10.7%] 감소)으로 집계됐다.

연도	2011	2012	2013	2014	2015	2016	2017	2018	2019	2020	2021	2022	2023
사고 사망	1,129	1,134	1,090	992	955	969	964	971	855	882	828	874	812
전체 사망	1,860	1,864	1,929	1,850	1,810	1,777	1,957	2,142	2,020	2,062	2,080	2,223	2,016

– 2023년: 전체 사망자 2,016명, 사고사망자: 812명(40%)

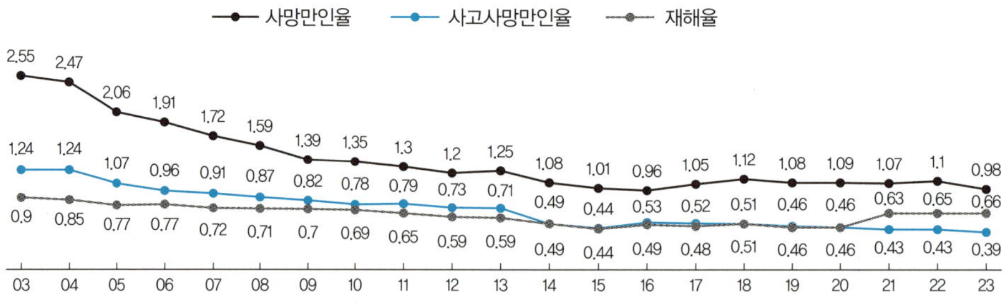

그림 1.6 최근 20년간 산업재해발생 추이

출처: 한국산업안전보건공단(kosha.or.kr)

아울러 산업재해로 인한 경제적 손실액은 '87년 약 1조 2천억 원에서 '23년 33조 원으로 증가하여 산업현장의 소중한 인적자원 손실뿐만 아니라 국가 전체적으로 매년 엄청난 손실을 입고 있다. 이러한 사실은 산업재해 감소를 위한 기존의 정책과 실행 방법에 한계가 있을 수 있음을 나타내고 있다. 따라서 우리나라 기업의 다양한 형태와 고용환경, 복잡한 생산체계 등에 유연하게 대처할 수 있는 자율안전보건경영체계를 기업에 확산시킴으로써 유연하고도 효과적인 재해예방활동을 할 수 있게 될 것으로 기대하고 있다. 이와 관련하여 노사정(정부, 사업주, 근로자) 관계자들이 사업장의 안전보건경영체계가 사업장의 유해·위험을 감소시키며 이와 관계된 생산성에 중대한 영향을 끼친다는 사실을 새롭게 인식하게 되었다.

이에 고용노동부 산하 안전보건 전문기관인 안전보건공단(KOSHA)에서는 1999년부터 안전보건경영시스템을 KISCO 2000이라는 명칭으로 도입·시행하였다. 안전보건활동 분야에 대해서는 산업안전보건법을 반영하는 등 독자적으로 개발한 안전보건경영시스템을 운영함으로써 산재감소와 더불어 안전보건문화 수준향상을 위하여 안전보건경영시스템을 보급·추진하여 왔다. 그러나 안전보건경영시스템 국제표준인 ISO 45001이 시행됨에 따라 이를 그대로 반영하고 산업안전보건법의 안전조치 및 보건조치 사항 등 법정 강제사항을 추가로 반영한 『KOSHA MS』로 명명된 안전보건경영시스템을 변경 시행함으로써 국제표준화 기구(ISO)에서 안전보건경영시스템 표준으로 정하여 각국에서 도입·운영하고 있는 ISO 45001과 동시에 사업장에 보급하고 있다.

국제표준화기구(ISO, International Organization for Standardization)와 국제노동 기구(ILO, International Labor Organization)의 협력하에 추진되어 온 산

업안전보건경영시스템 국제표준 ISO 45001 제정 작업이 ISO 기술위원회(TC 283) 회원국을 대상으로 2017년 11월부터 2018년 3월까지 투표를 통해 가결되어 2018년 3월 12일 공표되었다. 이 ISO 45001 인증규격은 의도적으로 향후 환경, 품질경영 및 안전보건경영시스템을 구축·운영이 가능하도록 기존에 각각으로 구성되었던 프레임(틀)을 HLS(High Level Structure)로 분류하여 ISO/IEC가 공통으로 적용할 수 있도록 기본 프레임을 통일하였다. Annex SL은 ISO 표준의 서로 다른 경영시스템 간의 일관성과 호환성을 보장하고 기업이 여러 표준을 통합할 때 경영자와 조직원이 쉽게 구현하기 위해 만들어진 것이다. Annex SL에서 HLS는 다음과 같이 10개의 구조로 이루어져 있다.

ISO 22301:2012에서 최초로 도입된 HLS는 ISO 및 IEC 다른 모든 관리시스템으로 적용이 확대되고 있다. HLS는 Annex SL의 ISO 지침에 정의되어 있다. HLS 표준의 정식 명칭은 "ISO/IEC Directives (Part 1) Annex SL"이며, ISO/

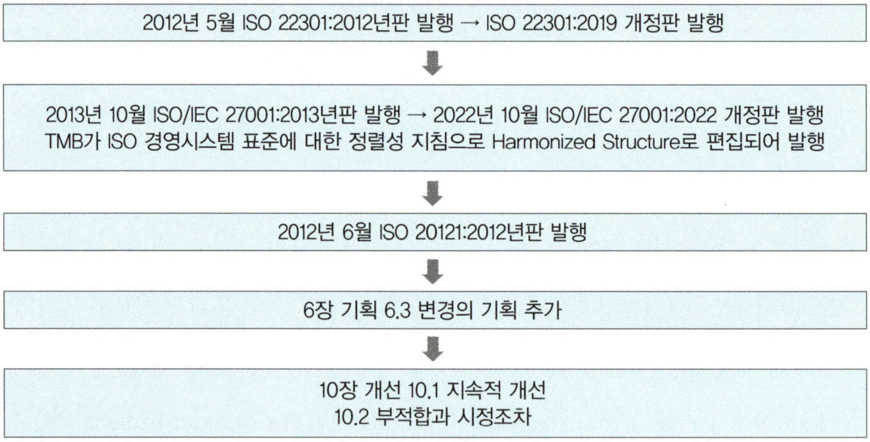

그림 1.7 Harmonized Structure로 개편

IEC Directives (Part 1)는 ISO 통합 보충자료 중 ISO 관련 절차를 다루고 있는 지침이다. 최근에는 이 HLS도 더 발전하여 〈그림 1.7〉과 같이 조화된 구조, HS(Harmonized Structure)라는 호칭으로 각 표준마다 단계적으로 적용되고 있다.

한편 우리나라 국가표준(KS)은 국제표준(ISO)과의 부합화가 99.8%(총 대상 15,384종 중 국제표준과 일치(IDT:Identical)하는 표준이 14,225종)를 차지하고 국제표준을 일부 수정하여 부합화된 수정(MOD:Modified) 표준이 1,140종으로 부합화 대상만을 기준으로 한 KS의 부합화 실적은 99.9%에 이를 정도로 우리나라도 선진국으로서 이미 국제화(Global)가 되었다고 할 수 있다. 다만 신규 또는 개정안이 발행된 경우 작업대상의 방대한 분량과 분야별 작업 속도 등의 난제가 있어서 부합화 시기는 1~5년 정도 늦게 반영되는 현상을 문제점으로 들 수 있다.

이와 더불어 산업안전보건법 제4조(정부의 책무) 제1항 제4호「사업주의 자율적인 산업안전 및 보건경영체제 확립」의 정부 지원을 기반으로 운영하였던 자

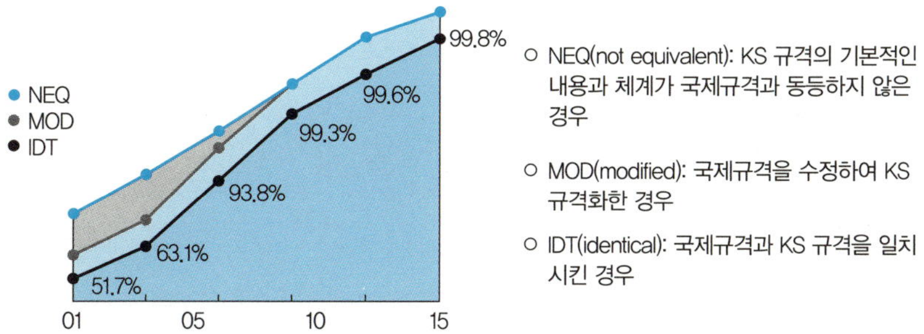

그림 1.8 국가표준 국제부합화 현황
출처: 국가표준화 정책방향, 기술표준원 최갑홍 원장

율적인 안전보건경영시스템(KOSHA 18001)도 외부 환경변화에 따라 적절한 대응과 변화가 불가피하여서 ISO 45001을 근간으로 하는 KOSHA MS로 명칭을 변경하여 시행하고 있다. 이때 국내 산업현장은 100인 미만 중소규모 사업장이 69%, 1,000인 미만 사업장이 92.3%를 차지하고 있어서 국제표준화기구(ISO)에서 제정한 안전보건경영시스템을 우리 산업현장에서 일률적으로 광범위하게 적용하기에는 한계가 있다는 판단에 따라 KOSHA MS 인증시스템에서는 20인 미만, 20~50인 미만, 50인 이상 사업장으로 구분하여 이 제도를 운영하고 있는 것이 차이점의 하나라고 할 수 있다.

03 재해 및 재난사고 발생 현황

현재, 기후 변화와 극단적인 기상 현상으로 인해 발생하는 다양한 자연재해와 인위적 사고로 인한 사회적 재난은 전 세계적으로 많은 피해를 초래하고 있다. 이에 따라 각국 정부, 국제기구, 그리고 국내에서는 대규모 재난관리와 신속한 복구를 위해 상시적인 공조 체계를 구축하고 있으며, 정보를 공유하고 있다.

국가별 위성개발 및 운용기관, 재난관리 책임기관, 그리고 국제기구들인 유엔과 세계은행을 중심으로 위성영상, 드론 등의 첨단 기술과 공간정보 기술을 활용하여 자연재해와 재난사고를 효과적으로 감지하고 모니터링하고 있다.

국내에서는 국토위성이 본격적으로 정상 운용되면서 국토정보 구축뿐만 아니라 국내·외 대형 재난에 대해 피해분석 정보를 제공하고 있다. 2022년 10월 29일 밤 핼러윈 행사에서 발생한 이태원 참사를 계기로 정부는 드론·CCTV 기반의 밀집도 실시간 분석, 위성 탐지·평가, 예·경보 시스템의 고도화를 통한 현장인파관리시스템 구축 등의 국가안전시스템 전반에 대한 개편 대책을 추진하는 등 국가적 재난 상황을 극복하기 위해 시스템 개편과 전략을 수립하고 실행하고 있다(RS/GIS 자료융합을 통한 국가 재난관리 및 조사·분석, 김성삼 외).

체르노빌과 후쿠시마 핵 사고는 인위적인 사고로 인한 사회적 재난의 대표적인 사례이다. 국내에서는 구미 불산 누출 사고(2012년 9월), 대구 지하철 가스폭발(1995년 4월), 서울 삼풍백화점 붕괴(1995년 6월), 대구 지하철 방화(2003년 2월), 청해진해운 세월호 침몰 사고(2014년 4월), 그리고 이태원 압사 사고(2022년 10월) 등 잊을 수 없는 비극적인 사례들이 우리에게 남아 있다.

〈표 1.3〉은 우리나라의 1950년대 이후 최근까지 발생한 인위적 사고 등에 의한 사회재난 현황이다.

표 1.3 사회재난 현황(1980년대~2020년대)

구분	사회재난 발생 현황
1980년대	1983. 09 대한항공 B747 소련 전투기 피격 사건 1983. 10 미얀마 아웅산 폭탄 테러(사망 17명/부상 68명) 1984. 01 부산 대아호텔 화재(사망 17명/ 부상 68명) 1986. 09 김포공항 폭탄테러(사망 5명/부상 33명)
1990년대	1993. 03 구포열차 탈선(사망 73명/부상 107명) 1993. 10 서해페리호 침몰(사망 292명) 1994. 10 서울 성수대교 붕괴(사망 32명/부상 17명) **1995. 04 대구 지하철 가스폭발(사망 102명/부상 117명)** **1995. 06 서울 삼풍백화점 붕괴(사망 502명/부상 937명)** 1997. 08 대한항공 여객기 괌 추락(사망 229명/부상 25명) 1999. 06 경기 화성 씨랜드화재(사망 23명/부상 25명) 1999. 10 인천 인현동 히트노래방 화재(사망 56명/부상 81명)
2000년대	2002. 04 김해 중국 민항기 추락(사망 127명) **2003. 02 대구 지하철 방화(사망 192명/부상 151명)** 2004. 04 부천 LG백화점 철골구조물 붕괴(사망 3명/부상 17명) 2005. 10 경기도 이천 물류센터 공사장 붕괴(사망 9명/부상 5명) 2006. 10 서해대교 29중 추돌 교통사고(사망 11명/부상 50명) 2009. 02 경남 창녕 화암산 화재(사망 4명/부상 63명)

2010년대	2012. 09 구미 불산 누출 사고(사망 23명) 2014. 02 경주 마우나오션리조트 강당 붕괴(사망 10명/부상 124명) **2014. 04 청해진해운 세월호 침몰 사고(사망 304명)** 2014. 05 서울 상왕십리역 열차 추돌(부상 238명) 2014. 10 판교 환풍구 붕괴 사고(사망 16명/부상 11명) 2015. 01 의정부 아파트 화재 사고(사망 5명/부상 124명) 2016. 10 경부고속도로 관광버스 사고(사망 10명/부상 124명) 2017. 12 제천 스포츠 센터 화재(사망 29명/부상 36명) 2018. 01 밀양 세종병원 화재(사망 47명/부상 112명) 2018. 11 종로 고시원 화재(사망 7명/부상 11명)
2020년대	2020. 02 순천 완주고속도로 31중 추돌 사고(사망 5명/부상 43명) 2020. 03 롯데케미칼대산공장 폭발 사고(부상 56명) 2020. 04 이천 물류센터 공사장 화재(사망 38명/부상 10명) 2020. 07 용인 물류센터 화재(사망 5명/부상 8명) 2021. 06 광주 학산빌딩 붕괴 사고(사망 9명/부상 8명) **2022. 10 이태원 압사 사고 (사망 156명/ 부상 195명)** 2022. 12 과천 방음터널 화재(사망 6명)

출처: 충청남도 안전체험관

최근 몇 년간 기후 변화는 더욱 가속화되어, 전 세계적으로 극심한 폭염, 가뭄, 홍수, 태풍과 같은 자연재해가 빈번히 발생하고 있다. 2022년도에는 남부지방에서 227.3일간 가뭄이 지속되었는데, 이는 기록된 기상관측 중 최장 가뭄으로 남았다. 또한, 2023년 1월 중순부터 경기, 강원, 충청, 전라, 제주지역에 이르기까지 전국적으로 70cm 이상의 폭설로 100건 이상의 교통사고와 고립사고가 발생했다. 1월 하순에는 강풍과 함께 찾아온 한파로 평창에서는 체감온도가 영하 44.1도로 기록되어, 한반도에서 가장 낮은 기온을 기록했다. 2023년 7월 15일에는 청주 지역에 500mm가 넘는 집중 폭우가 쏟아져 미호천교 확장공사 중인 임시 제방이 터지고 미호강이 범람하여 궁평2지하차도가 침수되어 23명의 사상자가 발생했다. 이러한 자연재해는 지구 온난화로 인해 더욱 빈번하고 강력해지고 있어 인명 피해와 함께 막대한 경제적 손실을 야기하며, 생태계 파괴 등의 영향을 통해 다음 세대에도 영향을 미칠 것으로 우려된다.

〈표 1.4〉는 우리나라의 1980년대 이후 최근까지 발생한 자연재해 현황이다.

표 1.4 자연재해 현황(1980년대~2020년대)

구분	자연재해 발생 현황	구분	자연재해 발생 현황
1980년대	**▷1983. 05 강원도 지진해일** – 사망 · 실종 3명, 부상 2명 ▷1983. 08 태풍 준(한강 대홍수) – 사망 · 실종 189명 – 재산피해: 1,333억 원 **▷1987. 07 태풍 셀마** – 사망 · 실종 345명 – 재산피해: 3,913억 원	2000년대	**▷2002. 08 태풍 루사** – 사망 · 실종 246명 – 재산피해: 51,479억 원 **▷2003. 09 태풍 매미** – 사망 · 실종 131명 – 재산피해: 42,225억 원 ▷2007. 09 태풍 나리 – 사망 · 실종 16명 – 재산피해: 1,592억 원
1990년대	**▷1990. 09 한강 대홍수** – 사망 · 실종 163명 – 재산피해: 5,203억 원 ▷1991. 08 태풍 글라디스 – 사망 · 실종 103명 – 재산피해: 2,357억 원 ▷1995. 08 태풍 재니스 – 사망 · 실종 65명 – 재산피해: 4,563억 원 **▷1998. 07 전국 집중호우** – 사망 324명 – 재산피해: 12,478억 원 ▷1999. 07 태풍 올가 – 사망 67명 – 재산피해: 10,490억 원	2010년대	▷2010. 09 태풍 곤파스 – 사망 · 실종 6명 – 재산피해: 1,674억 원 ▷2011. 07 태풍 무이파 – 사망 · 실종 28명 – 재산피해: 2,183억 원 ▷2011. 07 우면산 산사태 – 사망 18명 ▷2014. 08 호남, 영남 집중호우 – 사망 7명, 부상 1명 ▷2016. 09 경주 지진 – 부상 23명 ▷2018. 02 포항 지진 – 부상 43명 ▷2019. 04 강원 대형 산불 – 사망 23명, 부상 11명 ▷2019. 09 태풍 미탁 – 사망 · 실종 14명, 부상 8명 – 재산피해: 1,113억 원

2020년대	▷2020. 08 태풍 장미 – 사망·실종 15명, 부상 1명, 시설피해: 14,664건 ▷2020. 08 태풍 바비 – 시설피해: 550건 ▷2020. 08 태풍 마이삭 – 사망 1명, 부상 1명, 시설피해: 1,579건 ▷2020. 09 태풍 하이선 – 실종 2명, 부상 5명, 시설피해: 1,213건 **▷2023. 07 궁평 2지하차도 침수** – 사망 14명, 부상 9명, 시설피해: 차량 17대 침수

출처: 충청남도 안전체험관

자연재해와 인위적 사고 등에 의한 사회재난의 위협은 계속해서 존재할 것이다. 이에 대응하기 위해 국제적인 공조 체계를 구축하고 정보를 공유하며, 국가안전시스템을 고도화하여 재난과 재해의 사전 예측, 예방, 그리고 신속한 복구를 위한 노력이 계속되고 있다. 그러나 기후변화와 극단적인 기상현상이 계속되고 고도산업사회에 진입함에 따라 위험요인이 증가하는 실정에서는 국가적인 시스템으로만으로는 한계가 있다. 이러한 상황에서는 개인 차원에서 안전에 대한 태도와 의식을 함양하고 안전문화를 습관화하고 체질화하여 실천하는 것이 중요하다. 개인의 안전문화 실천을 통해 재난사고를 미리 예방하고 위협을 최소화하여 더 안전한 세상을 만들어나갈 수 있다. 따라서 재난사고 대비는 선택이 아닌 필수이며, 우리는 모두가 적극적으로 참여하여 안전한 사회를 만들어나가야 할 때이다.

04 국내외 안전보건 관련 법령과 제도 현황

안전보건 관련 법의 태동

안전보건 및 사고에 대한 관심은 기원전 2,550년경 건축된 고대 이집트의 피라미드가 건축될 때로 거슬러 올라간다. 고대 그리스 역사가인 헤로도토스의 《역사》 2권에는 "기자의 대(大)피라미드에 관하여 10만 명이 3개월 교대로 20년에 걸쳐 지었다"고 기술되어 있다. 그러므로 당연히 그때에도 작업 중 안전보건이 대두될 수밖에 없었을 것이다.

그러나 산업활동이 인류 역사와 같이 이어지면서 "안전보건이란 도대체 무엇을 말하는가?"란 질문이 본격적으로 제기된 것은 불과 100년 전 산업혁명 시기로 추측된다. 산업혁명의 확산으로 경제활동의 증가는 산업재해 및 직업병 문제를 사회적으로 야기시켰으며, 이에 따라서 국가는 이에 대한 규제방안을 검토하지 않을 수 없게 되었다.

1802년 세계 최초의 노동법인 '보건및도덕에 관한 임시법(Apprentics Act)'이 법적인 보호수단으로 영국에서 태동한 것은 이러한 산업현장의 분위기를 반영한 최초의 사례이다. 그 후 근로자의 인권과 더불어 안전보건을 위하여 여러 가지 제도 및 법규가 제·개정과 보완을 거듭하면서 세계 여러 나라로 확산되었다. 그리고 1919년 국제노동기구가 발족하면서 산업재해로 인한 장해보상기준과 직업성 질환에 대한 인정기준이 본격적으로 마련된 것이다.

2차대전 이후 전자산업, 석유화학산업 및 중공업 등 산업규모가 대규모로 확장되고 또한 작업공정과 기계설비가 다양화되고 새로운 화학물질들이 생산공정에 투입되면서 대형 재해와 새로운 직업병이 나타나기 시작하였다. 더구나 근로자들의 생활수준이 향상되고 노동조합의 영향력이 강화되면서 안전보건에 대한 사전 예방대책 방안에 관심이 더욱 높아지게 되었다. 이에 국가는 이 모든 현안을 해결하기 위하여 강제하는 방식을 도입하게 되었는데 이것이 법적인 강제이다.

이러한 흐름 속에서 우리나라도 산업현장에서는 사업주를 통제·관리하는 방식이 언뜻 행정 효율적인 측면에서 가장 쉬운 통제방식으로 여겨져 산업안전보건법 등 강제적인 수단을 동원하게 되었다. 산업안전보건과 관련하여 포괄적이고 일반적인 기준에 관한 협약은 1981년에 이르러 비로소 제정되었으며 현재 36개국이 비준하고 있다. 개별 사안에 대한 안전보건 또는 특정 작업환경에 대한 협약은 국제노동기구(ILO)가 출범한 이래 초창기부터 줄곧 제정되어 온 것에 비하면 포괄적 기준에 대한 협약의 제정은 상대적으로 상당히 늦은 감이 있다. 이것은 산업안전보건과 관련된 문제의 양상 및 특징이 변화되어 온 것과 궤를 같이한다. 1970년대 이전의 산업안전보건 문제는 주로 특정한 요인이나 특정한 공정 또는 작업과 관련되어 나타났다. 특정 화학물질에 집중적으로 과다하게 노출되어 중독과 같은 특정한 직업병에 이환되거나 특정한 작업이나 공정과 관련된 특정 유형의 사고가 산업안전보건 문제의 주류를 이루고 있었던 것이다. 따라서 이에 대응하기 위하여 문제로 드러난 물질이나 요인을 관리하거나 특정한 업종이나 활동에 대하여 집중적으로 관리하는 방식을 취해 왔다.

오늘날 사업장은 사용하는 물질이 다양해짐에 따라 광범위한 지역에서 저농도의 화학물질에 다수의 노동자들이 상시 노출되는 특징을 보이게 되었고, 산업활동이 매우 빠르게 변화를 겪게 되는 동태적 현상이 나타나게 되었다. 이러한 사업장의 특성과 산업안전보건문제 유형의 변화는 더 이상 과거와 같은 개별적인 문제 중심적 대응방식이나 사후대처형으로 효과를 기대하기 어렵게 만들었다. 이미 선진국에서는 1960년대 말에 이러한 경향이 뚜렷하게 나타남에 따라 1970년대 초반부터 포괄적인 산업안전보건 관계법 체계를 마련하기 시작하였다. 1970년 미국의 산업안전보건법(OSHAct) 제정, 1972년 일본의 노동안전위생법의 독립, 1974년 영국의 산업안전보건법 등이 그러한 예이다. 1981년 ILO 제155호 협약도 그러한 경향을 반영하는 것이었으며, 1985년 ILO 협약 제161호도 마찬가지이다.

우리나라 안전보건 관련 법

안전보건 관련 법은 70여 개의 법률이 있는데, 그중에서 고용노동부가 관할하고 있는 산업안전보건법과 중대재해처벌 등에 관한 법률(중대재해처벌법)이 단연코 그 중심에 있다고 할 수 있다. 산업안전보건법은 1981.12.31. 법률 제3532호로 제정된 이후 그간 매년 개정을 하여 온 법률이며, 중대재해처벌법은

헌법

예방관리 / 사후관리

종합예방 · 산업안전보건법(고용노동부)

개별예방

분야	관련 법
중복규제완화	·기업활동규제완화에 관한 특별조치법(기획재정부)
건설안전, 시설안전(국토교통부)	·시설물의 안전 및 유지 특별법 ·건설산업기본법 ·건설기술관리법 ·건설기계관리법 ·공동주택관리형 ·건설기술진흥법
교통안전(국토교통부)	·교통안전법 ·도로교통법 ·철도안전법 ·해상교통안전법 ·도시철도법 ·선박안전법 ·항공안전 및 보안에 관한 법률
소방·총포(행정안전부, 소방청)	·소방법 ·위험물안전관리법 ·총포·도검·화약류 안전관리법 ·지진화산재해대책법
전기·에너지(산업통상자원부)	·전기사업법 ·전기안전관리법 ·원자력안전법 ·액화석유가스법 ·광산안전법 ·집단에너지사업법 ·광산보안법 ·원자력시설 방호, 방재대책법 ·에너지이용합리화법 ·석유 및 석유대체연료사업법
가스안전(산업통상자원부)	·고압가스안전관리법 ·도시가스사업법 ·액화석유가스의 안전 및 사업관리법
승강기안전(산업자원)	·승강기제조 및 관리에 관한 법률
환경·위생(환경부, 보건복지부)	·화학물질관리법 ·방사성폐기물관리법 ·소음진동관리법 ·토양환경보전법 ·대기환경보전법 ·수질환경보전법 ·폐기물관리법 ·공중위생관리법 ·식품위생법
항만안전(해양수산부)	·수상레저안전법 ·선원법 ·해사안전법 ·해양사고 조사 및 심판법 ·항만법 ·선박안전법
산업안전보건(고용노동부)	·중대재해처벌법 ·석면안전관리법 ·진폐 예방과 진폐근로자보호에 관한 법률
학교안전(교육부)	·학교보건법 ·학교안전사고예방 및 보상법 ·학교급식법
농업안전(농수산부)	·식품위생법 ·농업기계화 촉진법 ·농약관리법 ·농어업재해대책법 ·농어업인안전 재해 및 예방법
식품안전(식품의약품 안전처)	·식품안전기본법 ·수입식품안전관리특별법 ·축산물위생관리법
완구안전(산업자원부)	·품질경영 및 공산품 안전관리법
생활용품 및 전기용품(산업통상자원부)	·전기용품 및 생활용품안전관리법 ·품질경영 및 공산품안전관리법
연구실안전(과학기술)	·연구실안전환경 조성법

구조구난 · 재난 및 안전관리기본법(행정안전부)

재해보상 · 재난 및 안전관리기본법(행정안전부)

그림 1.9 우리나라 분야별 안전보건 관련 법

2021.1.26. 제정(법률 제17907호)되어 시행되고 있다.

중대재해처벌법은 사업 또는 사업장, 공중이용시설 및 공중 교통수단을 운영하거나 인체에 해로운 원료나 제조물을 취급하면서 안전보건 조치의무를 위반하여 인명피해를 발생하게 한 사업주, 경영책임자, 공무원 및 법인의 처벌 등을 규정함으로써 중대재해를 예방하고 시민과 종사자의 생명과 신체를 보호함을 목적으로 제정된 법률이다.

이 법 제4조 제1항 제4호에서 정하고 있는 "안전·보건 관계 법령에 따른 의무이행에 필요한 관리상의 조치"를 하도록 정하고 있으며 이 관리상의 조치가 필요한 법률은 10개로 고용노동부가 이 법 해설서에 지정을 하고 있다. 해당 10개 법률은 ① 산업안전보건법, ② 광산안전법 ③ 원자력안전법 ④ 항공안전법 ⑤ 선박안전법 ⑥ 연구실 안전환경 조성에 관한 법률(연구실안전법) ⑦ 폐기물 관리법 ⑧ 생활물류서비스산업발전법 ⑨ 생활주변방사선 안전관리법 ⑩ 선원법 등 10개를 예시로 들고 있다. 더 세밀하게 조사해 보면 〈그림 1.9〉와 같이 70여 개의 법률이 안전보건과 관련이 되어 있다.

안전인증 및 검사제도

1. 인증과 인정 및 검사제도의 의미

인증(認證, certification)이란 "어떤 제품 또는 시스템이 표준이나 시방에 부합하거나, 사람이 특정한 작업을 실시할 수 있는 자격이 있다는 것을 객관적으로 확인하는 것"을 말하는데 인증대상, 인증목적, 인증규격 등에 따라 여러 가지로 분류되고 있다.

인증대상에 따라 분류하면 제품인증, 서비스인증, 시스템인증, 자격인증 등으로 구분되며 실제의 명칭은 인증, 형식승인, 검정, 형식검정, 형식등록, 허가 등으로 사용되고 있다. 대부분의 인증제도는 인증심사 결과요건에 부합할 경우 신청인에게 인증마크를 사용할 수 있고 신뢰성의 상징인 인증서가 발급된다. 참고로 국제표준화규격(ISO/IEC Guide 2)에 따르면 인증마크는 "인증제도의 규정에 의거하여 적용, 발급되어 보호를 받는 마크로서, 해당 제품, 공정 또는 서비스가 특정규격 또는 기타 기술문서에 부합한다는 신뢰성을 제공함을 표시한다"로 정의되어 있으며, 아울러 인증서란 "인증제도의 규정에 의하여 발행되는 문서로서, 제품·공정 또는 서비스가 특정규격 또는 기술문서에 부합한다는 신뢰성을 제공한다"라고 정의되어 있다.

인정(認定)이란 특정 적합성평가 표준[1]에 따라 적합성평가를 제공하는 적합성평가기관(CAB, Conformity Assessment Body)이 국제적으로 요구되는 적격성을 갖추고 있으며 공평하게 적합성평가활동을 수행하고 있음을 확인하는 것으로, 사회와 수요자에게 적합성평가에 대한 신뢰를 보장하는 활동을 말한다(〈그림 3.2〉, 〈그림 3.3〉 참조).

인정기관은 또한 국제표준에 근거한 국제상호인정(MLA/MRA)을 통해 이러한 CAB의 적격성과 그들이 수행한 적합성평가의 결과가 전 세계적으로 신뢰할 수 있음을 보장한다. 이로써 적합성평가의 수요자가 나라마다 다른 기준을 만족하기 위해 중복적인 적합성평가를 받아야 하는 불편함을 해소하고, 국제적인 기술무역장벽을 극복할 수단을 제공하며, 결과적으로 국제무역을 활성화

1 적합성평가 표준: KSQ ISO IEC 17020~17025 적합성평가

하는 데 기여하고 있다. 그 체계는 〈그림 1.10〉과 같다. 안전보건경영시스템 등을 총괄하는 국제기관은 IAF(International Accreditation Forum)이 담당하고, 우리가 잘 알고 있는 시험, 검증과 관련한 업무는 한국인정기구인 KOLAS가 담당하고 있다. 국제적으로는 ILAC(국제시험기관 인정협력체제)가 담당하고 있으나 머지않은 장래에 이 두 기관이 통합하는 것으로 알려져 있다.

한국인정지원센터(KAB, Korea Accreditation Board)는 국내 인증시장이 태

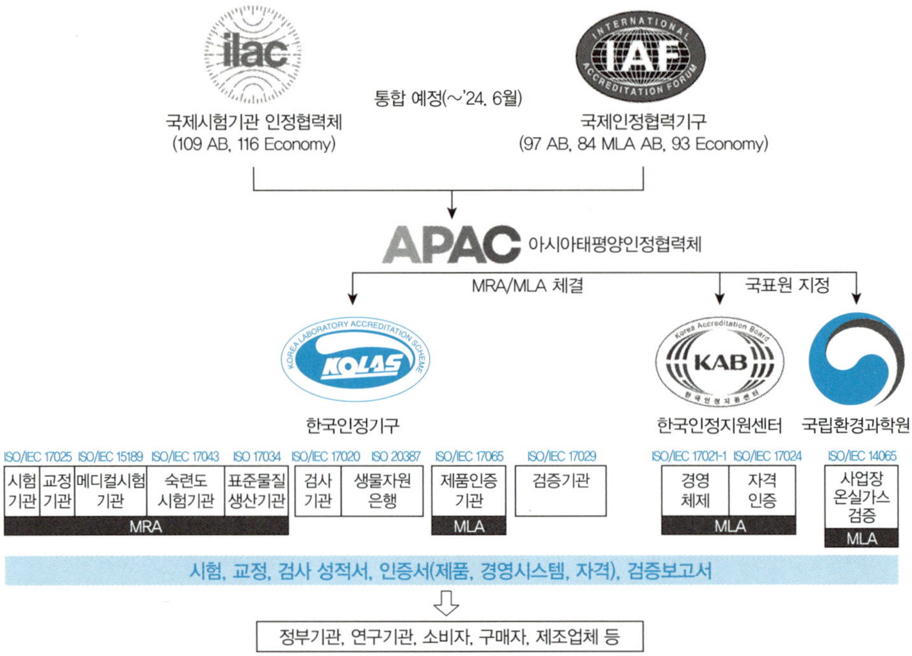

그림 1.10 국제인정협력기구(IAF)와 한국인정지원센터(KAB) 기구표

* ILAC: International Laboratory Accreditation Cooperation
MRA: Mutual Recognition Agreement
IAF: International Accreditation Forum
MLA: Multilateral Recognition Agreement
APLAC: Asia-Pacific Laboratory Accreditation Cooperation
PAC: Pacific Accreditation Cooperation
APAC: Asia Pacific Accreditation Cooperation (APLAC과 PAC의 통합 인정기구)

동하여 성장하기 시작한 1990년대 중반에 인정기관의 필요성이 제기됨에 따라 정부와 기업 및 인증분야 간의 긴밀한 협력을 통해 설립된 비영리 인정기관으로서 우리나라를 대표하는 인정기관이다. 국제사회에서 널리 인정받고 있으며, 특히 경영시스템인증과 자격인증 분야에서 인정업무의 전문성을 공인받은 국내 유일의 인정기관이다.

검사(INSPECTION, 檢査)란 기계기구 및 설비, 제품, 시스템 등에 대한 법적으로 정하여진 기준 또는 일정한 표준에 맞추어 적합성여부를 확인하여 합격 또는 불합격 또는 조건부 합격 등으로 판정하는 절차를 말한다. 따라서 인증 또는 인정과 다소 의미가 서로 다르다고 할 수 있다.

시험(Testing, 試驗)이란 표준, 기준, 규정 등에 의거하여 제품, 공정 또는 서비스에 대하여 규정된 요구사항에 따라 특성을 확인하여 범위 내에 있는가를 확인하는 것을 말한다.

2. 인증제도의 종류

① 국내 인증제도

인증제도는 인증대상, 인증목적, 인증규격 등에 따라 여러 가지로 분류될 수 있는데 대개는 어떤 한 가지 제도에 속하기보다는 여러 가지 분류에 동시에 속하게 되는 경우가 많다.

(가) 인증대상별 구분

인증대상별 구분은 목적물에 따라 제품인증과 시스템인증, 그리고 제품인증과 시스템인증이 혼합된 형태인 복합인증제도로 구분된다.

- **제품인증제도**: 어떤 제품에 대하여 해당 규격에의 적합성(규정된 품질과 안전요건의 충족 등)을 객관적으로 보증하는 제도
- **시스템인증제도**: 제품이나 서비스를 제공하는 공급자의 전반적인 품질 보증능력을 심사하여 그 시스템을 인정해 주는 제도
- **복합인증제도**: 제품인증과 시스템인증이 혼합된 형태의 제도

(나) 인증목적별 구분

인증의 목적에 따라 안전인증, 품질인증, 환경인증, 전자파인증, 에너지 인증, 신뢰성 인증제도로 구분된다.

(다) 인증 규격의 주체별 구분

인증심사 시에 적용되는 규격에 따라 국제인증, 지역인증, 국가인증 또는 단체 인증제도로 구분된다.

표 1.5 통합인증마크 대상

통합인증마크 대상	정부부처명
위험기계기구(프레스, 호이스트, 리프트, 크레인, 압력용기, 롤러기 등)	고용노동부
전파인증 마크(정보통신부(MIC)/방송통신위원회 마크)	과학기술정보통신부
정수기 검사필증(물마크)	
전기안전 마크(EK마크)	산업통상자원부
에너지소비 효율등급 표시 마크	산업통상자원부
승강기 안전인증 마크 (EK마크)	산업통상자원부
소방용품 형식승인 마크(KFI마크)	행정안전부
공산품 안전인증, 공산품 자율안전확인, 어린이 안전보호포장 마크(KPS마크)	
고압가스용품 안전 마크, 계량기 검정마크	산업통상자원부

(라) 제도 성격별 분류

- **강제(의무)제도**: 주로 안전, 환경분야에 적용된다(검사·검정·형식승인 등).
  국가통합인증마크(KC)는 2009년 7월 지식경제부와 노동부의 10개 인증마크를 통합하여 출범하였으며 2011년 1월부로 5개 부처 13개 인증마크가 KC마크로 통합되었다.
  이에 따라 현재 23개의 법정 의무인증제도가 운영되고 있다.
- **임의(자율)제도**: 주로 품질·신기술 등 특정 권장분야에 적용됨(S 마크인증) 등(〈표 1.8〉 참조)

하나의 인증제도는 〈표 1.6〉과 같이 여러 분류에 속할 수 있는데, 예를 들어 안전인증제도의 경우에는 제품인증인 동시에 안전인증이며, 적용되는 규격에 따라서 국제인증, 국가인증이 될 수 있다.

표 1.6 인증제도 분류 예시

구분	인증내용	사례
인증대상별 구분	제품인증	KC마크
	시스템인증	ISO 9001, ISO 45001, KOSHA MS
	복합인증	
인증목적별 구분	안전보건	"KC"마크 "S"마크, "UL"마크, 위험기계기구 인증 및 안전검사, FILK마크 등
	품질	ISO 9001 인증
	환경, 에너지, 전자파 등	EMI/EMC
인증규격의 주체별 구분	국제인증	ISO, IEC, IECEx
	지역인증	CE(EU 27개국)
	국가인증	KS, JIS, BS, DIN
	단체인증	UL, ASME

표 1.7 국내 의무인증(검사 · 검정 · 형식승인 등) 제도 현황

품목	관련 법	대상	인증기관
위험기계기구, 보호구, 방호장치	• 산업안전보건법(인증, 검사 및 확인)	• 프레스 등 • 보호구, 방호장치	고용노동부 안전보건공단, 대한산업안전협회 등
정보기기 무선설비 통신단말기기	• 전파법(형식 검정, 승인)	• 방송수신기 • 고주파 이용기기 • 정보기기류 등	전파연구소 ※ 지정시험기관: 삼성전자 등 30여 개소
자동차(소음) 자동차(배출가스) 자동차(안전 성능)	• 소음, 진동규제법 • 대기환경보전법 • 자동차관리법	• 제작(수입)자동차	환경부/국립과학연구원 교통안전관리공단 자동차성능시험연구소
소방용품형식승인, 방열성능검사	• 소방시설설치, 유지 및 안전관리법	• 소방용품, 방열성능검사	방재연구원
선박	• 선박안전법(검사, 사업장인증, 형식 승인 등)	• 선박용품: 소화기구, 구명정, 방화문, 소형선박	한국선급
고압가스용기	• 고압가스안전관리법 (제조, 검사)	• LPG 용기 등 9개 품목	고압가스안전관리법 및 액화석유가스안전관리법 가스안전공사 냉동공조협회
승강기	• 승강기제도 및 관리에 관한 법률	• 승강기 • 승강기 부품 (권상기, 로프 등)	행정안전부 국립기술시험원 승강기안전관리원,
전기용품 및 생활용품	• 전기용품 및 생활용품 안전관리법	• 각종 가전제품 • 배선류 • 스위치, 차단기 등	산업통상자원부 국가기술표준원 한국전기전자시험연구원 산업기술시험연구원
계량기 형식승인 및 검정	• 계량에 관한 법률	• 계량기류	산업통상자원부

표 1.8 국내 주요 임의인증제도 현황

마크명	인증기관	시행	건수	특징
S	안전보건공단 • 산업용 기계류 • 보호구, 안전장치	1997	2,100건 (연 300건)	• 산업재해예방 • 해외인증지원 병행
KC	국가기술표준원 ※한국산업표준규격인증	1961	12,000건 (연 300건)	• 시행 초기에는 호응이 대단했으나 최근에는 인증신청 감소 추세 ※ KS 규격 국제화 지속 추진
ISO 9001	31개 인증기관 ※ 품질보증, 안전보건경영, 환경경영 등	1992	약 3,000건 (연 3,000건)	• 인증기관 간 상호 경쟁체제
FILK	방재시험연구원 ※방화용품인증	1987	84건 (연 7건)	• 건수는 많지 않으나 해외 선진국에서도 신뢰를 받고 있음
EM	한국생산성본부인증원 한국서비스품질 우수기업인증	1995	299건 (연 120건)	• 국가기술표준원 인증업무 (기계공제조합)
NET	국가기술표준원 ※신기술인증	1993	251건 (연 38건)	• 신기술 평가분야에 상당한 공신력 보유

② ISO 시리즈 인증제도

(가) ISO 9000

"품질보증체계"에 관한 ISO 9000 시리즈 규격은 1987년에 ISO(국제표준화기구)에서 국제규격으로 채택되어 적용해 오다가 2000년 12월 15일 개정판이 공포되어 현재는 아래와 같이 인증규격이 적용되고 있다.

- ISO 9000: 선택 및 사용지침 → 기본사항 및 용어
- ISO 9001: 설계·개발·생산·설치 및 서비스 → 요구사항
- ISO 9004: 품질경영 및 시스템의 요소-지침 → 성과개선

즉, ISO 9000 시리즈는 어떤 기업에서 생산되는 제품이나 서비스의 품질을 보증하는 것이 아니고 동 기업의 품질관리 및 보증에 관한 시스템(system)에 대한 인증이라는 것을 알아야 한다.

(나) ISO 14000

"환경경영체제"에 관한 ISO 규격이다. 각국마다 서로 다른 환경관리기법과 관리체계를 표준화하고 그 표준화를 통하여 지구환경보전에 기여하기 위하여 ISO가 제정한 규격이다. 우리나라는 1995년도에 시범인증을 시작하여 1996년 10월부터 정식 인증되어 보급되어 있다.

- ISO 14001: 규격 및 사용지침
- ISO 14004: 원칙, 체제 및 지원기법에 관한 일반지침

(다) ISO 45001

"산업안전보건경영체제"에 관하여 ISO에서 규격화를 시도하였으나 1996.9.5. 제네바회의에서 제정이 유보(留保)된 미완(未完)의 규격이었다. 규격 제정이 유보된 이유는 안전보건문제는 선택(임의인증)의 문제가 아니고 해당 국가의 고유한 역사와 현실이 감안되어야 하며 안전보건경영체제(OHSMS)의 규격을 취득하더라도 개별국가의 안전규제가 면제될 수도 없을 뿐 아니라 선·후진국의 격차가 커서 획일적인 규격의 제정은 별 의미가 없다고 보았기 때문이다.

이와 같은 국제표준화기구(ISO)의 유보에 따라 국제노동기구(ILO)에서는 안전보건경영시스템(OHSMS)의 제정을 위한 워크숍(Workshop)을 개최한 결과 2001년 6월에 "안전보건경영시스템 구축에 관한 지침"(ILO-OSH 2001)을 제

정·공포하여 국제 회원국들에게 준수할 것을 권장하였으며 대부분의 내용은 안전보건공단이 개발하여 보급하고 있는 KOSHA 18001/MS 인증기준에 포함되어 운영되었다. 결국 그 내용은 ISO 18001 안전보건경영시스템(OHSMS)이 국제노동기구(ILO)의 참여하에 ISO 45001이 재편되어 오늘에 이르게 되었다.

3. 외국 인증제도

미국의 보험업자들이 연합하여 시험소를 설립하고 제품이나 그에 사용된 재료, 부품에 이르기까지 안전규격의 제정 및 위험성의 조사·시험·평가 등을 수행하고 그 결과 안전성이 입증된 제품에는 UL(Underwriters Laboratories)마크를 부여하고 있다. UL마크는 순수 임의제도임에도 불구하고 현재 세계적으로 알려진 안전인증마크로 성장하였으며, 일부 UL규격은 국가표준 규격으로 채택하고 있다.

일본에서는 구 JIS마크 대신 새로운 차를 개발하여 사용하고 있다. 우리나라의 KS마크와 유사한 규격으로 일본공업표준조사회에서 인증하는 규격제도이다.

CE마크는 EU 지역 내 시장통합을 추진하는 과정에서 각국의 독자적인 인증(표준)제도로 인하여 상품교역이 벽에 부딪히고 통일규격이 필요해짐에 따라 탄생한 인증제도이다. 이 마크가 "소비자의 건강·안전·위생 및 환경보호와 관련된 위험의 감소"를 목적으로 하고 있어서 소위 안전인증제도로 분류하고 있다.

독일의 GS(Gepruefte Sicherheit)마크는 독일의 기계·기구 안전법에 따른 안전성 확보제도이나 강제 인증마크는 아니다. 상당히 까다로운 시험을 거쳐 인증되는 것으로 알려져 있다.

표 1.9 외국의 임의 인증마크

구분	인증	사례
UL	• 북아메리카 대륙의 미국과 캐나다 • 임의인증	• 전기부문, 화재예방, 도난방지 / 경보, 난방 / 공조, 냉각, 손해 / 화학재해 및 선박부문 등
JIS	• 일본공업규격(Japanese Industrial Standard)의 약칭으로 일본공업표준화법에 따라 제정된 국가 임의규격	• 우리나라의 KS마크와 유사한 규격 • 일본공업표준조사회에서 인증하는 규격제도 • 구 마크 대신 현행 마크로 교체되었다.
CE	• CE(Commuant' Européen): 유럽연합을 의미	• EU국가: 덴마크, 벨기에, 체코, 독일, 오스트리아, 핀란드, 네덜란드, 에스토니아 등 • 강제시행: 노르웨이, 스위스, 아이슬란드, 리히텐슈타인. • 준회원국으로는 폴란드, 헝가리, 체코가 있다.
GS	• 독일 기기안전법(GPSG) • DIN(EN)	• 각종 공산품에 대하여 품질과 안전을 보증하는 마크 • 전기 및 전자제품, 기구 기계류, 의료기기, 가스기기, 변압기류, 음향기기, 조명기기, 냉난방기기, 완구, 운동용품, 자동차부품, 운반하역설비, 포장기계
CCC	• 중국강제인증제도(China Compulsary Certification)	• 강제인증대사: 전선, 케이블, 전기스위치, 보호장비, 전기접속기, 저압용전기장비, 조명장비, 정보통신 단말설비, 자동차 및 안전부품, 자동차 단어, 안전용기, 농기계 및 의료재품, 소방기기 등
UKCA	• 영국이 EU를 탈퇴한 후 사용: 2020년 1월 31일에 도입	• CE마크 대신 영국에서는 UKCA마크 부착

심사원 자격 인증제도

인증심사원 자격이란 KSR인증원, 한국표준협회 등 인증기관에 소속되어 경영시스템 인증을 취득하고자 하는 기업체 또는 조직을 대상으로 해당 표준에 대한 인증심사를 수행할 수 있는 전문자격을 말한다. 국제적으로 통용되는 전문자격증을 발행하는 공적인 기관은 현재 KAB(한국인정지원센터)로부터 지정을 받은 기관으로, 〈표 1.10〉과 같이 현재 우리나라에 4개 기관이 그 업무를 수행하고 있다.

표 1.10 심사원 자격 인증기관

기관명	심사원 등록기관명	관련 규격
KAR	KAR(Korea Auditor Registration) 한국심사자격인증원	산업통상자원부(KAB) 인가 비영리 법인 법 ISO/IEC 17024 https://kar.re.kr
PCAA Personal Certification Assessment Association	PCAA(Personal Certification Assessment Association)	ISO/IEC 17024 한국인정지원센터(KAB)에 의해 인정된 제3자 인증기관 www.pcaa.co.kr
GPC GLOBAL PERSONNEL CERTIFICATION	GPC(Global Personnel Certification) (미국 인정기관 IAS) IRCA 혹은 이그잼플로 글러벌(구RAB-QSA)	ISO/IEC 17024 기반 자격 www.gpcert.org
IQCS International Qualification Certification Service	IQCS(International Qualification Certification Service) 캐나다 Standards Council of Canada(SCC)에 등록된 인증기관	ISO/IEC 17024 기반 자격 www.iqcsplus.co.kr

05 안전보건 관련 국가적 과제

2022년 10월 29일 발생한 이태원 참사를 계기로 윤석열 정부는 국가안전시스템 전반을 개편하는 범정부 종합대책을 수립하여 2023년 4월에 발표했다. 그 주요 내용을 살펴보고 안전보건 관련 국가적 과제로서 정부의 국가안전시스템 개편 방안에 대해 알아보기로 한다.

추진 배경 및 경과

1. 추진 배경

이태원 참사 시 선제적 위험관리, 초기대응 및 현장대처, 기관 간 협력체계 등의 문제점이 노출됨에 따라 정부는 재난안전관리 체계 전반의 문제점을 분석하여 유사한 사고를 근본적으로 예방하는 개선방안의 마련이 시급해졌다. 또한 기후변화, 도시 인프라의 노후화, 초연결사회의 대두 등 환경변화로 재난이 복합화·대형화되고, 울리히 벡(Ulrich Beck, 1997)의 저서 『위험사회(Risikogesellschaft)』에 따라 새로운 유형의 재난에 선제적이고 체계적인 대응을 할 수 있도록 국가 재난안전관리시스템 개편을 추진하였다. 위험사회란 위험이 사회의 중심 현상이 되는 현대 사회를 말한다.

2. 추진 경과

정부는 행정안전부 장관을 단장으로 21개 기관(중앙부처, 지자체 등)이 참여하는 '범정부 국가안전시스템 개편 TF'를 구성(2022.11.18.~)하여 운영하고 전체 회의(6회) 및 분과별 회의(19회) 등을 통해 민간전문가, 지자체 의견을 수렴, 추진과제를 선정하고 개선대책을 마련하였다. 또한 '안전신문고' 및 'ON국민소통' 등을 통해 안전관리 전반에 대한 국민 의견을 접수·검토하여 종합대책에 반영하였다.

정부의 국가안전시스템 진단

1. 재난 및 사회환경의 변화

도시인프라의 노후화·초고층화·지하화, 도시공간·시설의 복합화 및 상호의존성 증가로 도시 내 대형·복합재난 발생의 위험이 증가하였으며, 일상생활에 정보통신 기술 활용이 확대되면서 네트워크화된 도시 서비스 마비 우려 등 새로운 위험요인이 부각되고 있다. 또한 지구온난화·기상이변으로 태풍, 집중호우, 가뭄, 폭염 등 재난이 과거 경험을 뛰어넘는 수준으로 강해지고, 일상화된 형태로 반복되고 있다.

사회환경의 변화로는 4차 산업혁명, 과학기술의 혁신으로 우리나라는 AI·IoT·빅데이터 등 신기술을 활용한 재난 안전관리 역량의 획기적인 개선이 가능한 환경으로 평가받는다. 반면, 고령사회 진입, 국내 거주 외국인 증가 등 재난 상황에 취약한 인구가 급증하고 있으며, 재난약자에 대한 두터운 보호 필요성이 증대하고 재난 피해자의 일상회복을 위한 폭넓은 지원 요구도 증가하고 있다.

2. 現 재난·안전 관리체계 진단

① 재난·사고에 대한 선제적 위험관리 미흡

최근 판교 데이터센터 화재('22.10.), 이태원 참사 등 통상적인 위험 인식과 재난관리 대응 역량을 넘어선 재난·사고 빈발로 대규모 피해가 발생하였다. 반복되는 대형사고에도 땜질식 시스템 개선과 형식적 사후관리 등에 치중하고 재난·사고 예방을 위한 과감한 노력과 투자는 부족한 실정이다.

② 국가 재난안전관리 체계 및 역할의 불균형

중앙정부 중심의 하향식(Top-down) 재난관리체계로는 지역·현장 중심의 적극적인 재난 예방과 대응에 한계가 있다. 대규모 재난·사고 이후 '안전혁신 마스터플랜(2015년)', '재난안전관리 혁신방안(2019년)', '풍수해 혁신 종합대책(2020년)' 등 여러 차례 재난안전 제도 개선이 있었으나 지역·현장에서 제대로 작동하지 않는다는 문제가 지속적으로 제기되고 있다.

③ 과거 경험에 의존하는 재난안전관리

재난의 양상과 강도가 예측하기 어려워지는 상황에서 과거 경험에 기반한 재난 예측과 대응만으로는 효과적인 재난관리에 한계가 있다. 기술 발전으로 디지털 네트워크, 서비스 등이 국가의 핵심 인프라로서 역할을 하고 있지만 안정적 운영을 위한 기술적인 대비가 부족했다. 이에 대한 대응책으로는 플랫폼 기반의 기관 간 데이터 공유, AI 빅데이터 등 첨단기술을 활용하는 과학적·증거 기반 재난안전관리와 디지털 재난 대응체계의 마련이 시급하다는 의견이다.

④ 실질적인 재난 피해지원 및 안전취약계층 보호 부족

공공시설의 물리적 복구와 제한적인 피해자 지원만으로는 피해 원인을 근본적으로 해소하고 지역공동체를 실질적으로 회복하기 어렵다. 또한, 재난과 안전사고에 취약한 고령층, 외국인 등이 증가하고 있으나, 전반적인 안전취약계층 관리 지원을 위한 안전관리시스템이 미흡하다는 의견이다. 따라서 재난피해를 실질적으로 지원하고, 재난보호의 사각지대가 없도록 안전취약계층 보호 등 국민 눈높이에 맞는 지원 및 복구 체계로의 전환이 필요하다.

⑤ 안전에 대한 국민 의식과 재난 시 행동요령 숙지 부족

생활 속 위험 증가로 안전교육이 강화되어 왔으나, 현행 학생 위주, 공급자 중심의 안전교육은 국민 행동변화와 실천으로 이어지는 데 한계가 있다. 실질적 생활안전을 확보하기 위해서는 정부 주도의 안전문화 확산 노력만으로는 부족하므로, 재난에 필수적인 내용 위주의 생애주기별 체험형 안전교육 강화, 전 사회적 동참에 기반한 자율적 안전문화 실천운동의 확산이 필요하다.

이상과 같이 앞에서 서술한 '국가안전시스템 진단결과'를 요약하면 〈그림 1.11〉과 같다.

◇ 국가 재난안전관리의 관점·방식·행동(실천)에 대한 안전패러다임 大전환을 통해 이태원 참사 유사사고의 재발 방지 및 재난안전관리 전반에 대한 개편 추진

국가안전시스템 진단

재난·사회 환경 변화
- 재난환경의 변화(대형화·복합화·일상화 등)
- 안전취약계층 증가
- 과학기술의 발전
- 안전에 대한 국민의 요구 변화

안전관리체계 진단
- 재난·사고에 대한 선제적 위험관리 미흡
- 재난안전관리 체계 및 역할의 불균형
- 과거 경험에 의존하는 재난안전관리
- 재난으로부터 국민보호 및 실질적인 피해지원 미흡
- 안전에 대한 국민 의식과 재난 시 행동요령 숙지 부족

이태원 참사 진단
- 인파사고 위험에 대한 구체적인 인식 부재
- 안전 저해 요소에 대한 적극적인 관리 미흡
- 신고 접수 후 상황인지 지연
- 상황공유 및 지자체 상황관리 혼선
- 1차 대응기관 초기대응 미흡
- 피해지원의 사각지대

↓

안전패러다임 전환

「관점」 大 전환
- "예측"과 "회복"을 포함하는 상시적 재난관리로 전환
- 새로운 제도의 도입보다, 제도와 시스템이 현장에서 작동하도록 개편

「방식」 大 전환
- 디지털플랫폼, 과학기술에 기반한 재난안전관리
- 정부(공급자) 중심에서 수요자·현장 중심으로 全 사회구성원이 참여하는 재난안전 관리

「행동(실천)」 大 전환
- 생활 속에서 全 국민이 실천하고 행동하는 안전문화 확산

그림 1.11 국가안전시스템 진단 결과 요약

출처: 행정안전부, 국가 안전시스템 개편 종합대책, 2023년 4월

정부의 국가안전시스템 개편 방안

1. 비전 및 목표

국가안전시스템의 비전은 〈그림 1.12〉와 같이 '함께 만드는 「모두의 일상이 안전한 대한민국」'으로 설정하고, 목표는 "새로운 위험에 상시 대비하고, 현장에서 작동하는 국가 재난안전관리체계 확립"으로 정하였다. 정량목표로는 "2027년 10만 명당 재난·사고 사망자 20명 내 감축('19년 기준 재난·사고 사망자 OECD 평균 22.1명/한국 26.2명)"으로 수립하였다. 이러한 목표의 효과적 추진을 위해 3대 기본방향으로 「관점 大전환」, 「방식 大전환」, 「행동(실천) 大전환」으로 설정하여 추진 중이다.

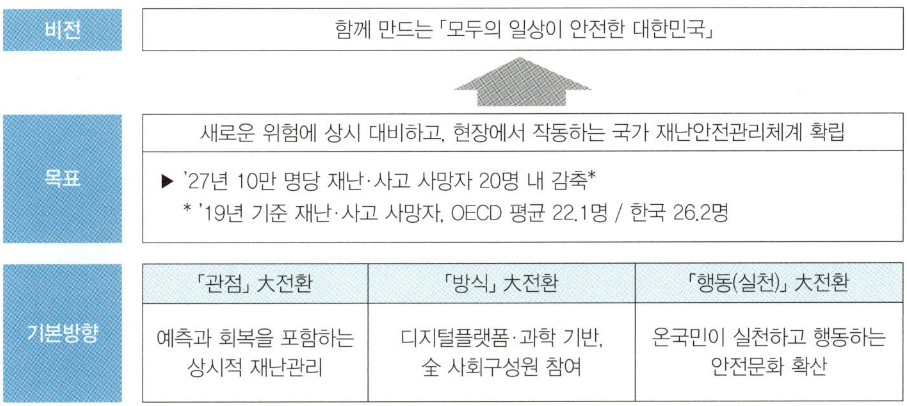

그림 1.12 국가안전시스템의 비전 및 목표
출처: 행정안전부, 국가 안전시스템 개편 종합대책, 2023년 4월

2. 5大 추진전략 및 추진과제

앞서 언급한 국가안전시스템의 비전 및 목표달성을 위해 '범정부 국가안전시스템 TF'는 〈표 1.11〉과 같이 5대 추진전략을 수립하고, 이에 대한 효과적인 실행을 위해 세부 추진과제를 설정하여 실행해 나갈 계획이다.

아무리 좋은 계획을 수립할지라도 위험과 재난은 늘 예기치 않은 상황에서 발생한다. 따라서 안전한국을 만들기 위해서는 범국가적인 협력이 요구되며,

표 1.11 국가안전시스템 5大 추진전략 및 추진과제

① 새로운 위험 예측 및 상시 대비체계 강화
▪ 새로운 위험을 상시 발굴 · 예측하는 범정부 관리체계 구축 ▪ 인파사고 예방을 위한 관리체계 구축 ▪ 기후변화, 네트워크 사회 등에 대비한 재난관리체계 강화
② 현장에서 작동하는 재난안전관리체계 전환
▪ 신속한 현장대응을 위한 상황관리체계 구축 ▪ 현장 대응기관의 초기대응 역량 강화 ▪ 지역·현장의 재난안전관리 체계 개편 및 역량 강화
③ 디지털플랫폼 기반의 과학적 재난안전관리
▪ 선제적 재난 예측 · 감지 및 대응지원을 위한 시스템 고도화 ▪ 디지털플랫폼 기반 재난관리 및 대응역량 강화, 연구개발 확대
④ 실질적인 피해지원으로도 회복력 강화
▪ 실질적 재난피해 지원을 통한 공동체 회복 ▪ 안전취약계층 맞춤형 안전관리 강화
⑤ 민간 참여와 협업 중심 안전관리 활성화
▪ 생애주기 전반에 대한 실효성 있는 안전교육 확대 ▪ 국민의 자발적 참여에 기반한 안전문화 확산 및 자율적 안전관리 강화

출처: 행정안전부, 국가 안전시스템 개편 종합대책, 2023년 4월

과학적이고 체계적인 실행과 지속적인 개선이 필요할 것이다. 아울러, 국민의 안전보건문화 수준을 높여 갈 필요가 있다. 이는 단기간 내에 이루어지는 것이 아닌 만큼 국가 차원에서 중장기 계획을 수립하여 지속적인 투자와 개선을 도모해 가야 할 것이다.

중대재해 감축 로드맵 발표

정부가 오는 2026년까지 사고사망만인율을 OECD 평균 수준인 0.29‱(퍼밀리아드)로 감축하는 '중대재해 감축 로드맵'을 2022.11.30. 발표했다.

이번 로드맵은 그동안 사후적인 규제와 처벌 중심인 중대재해 정책을 사전 예방에 초점을 맞추고, 사고사망만인율을 감축하기 위해 4대 전략 14개 핵심과제를 중점 추진할 계획이다. 특히 노사가 함께 사업장 특성에 맞는 자체 규범을 마련해 평상시에는 유해·위험요인을 스스로 발굴·제거하고, 사고 발생

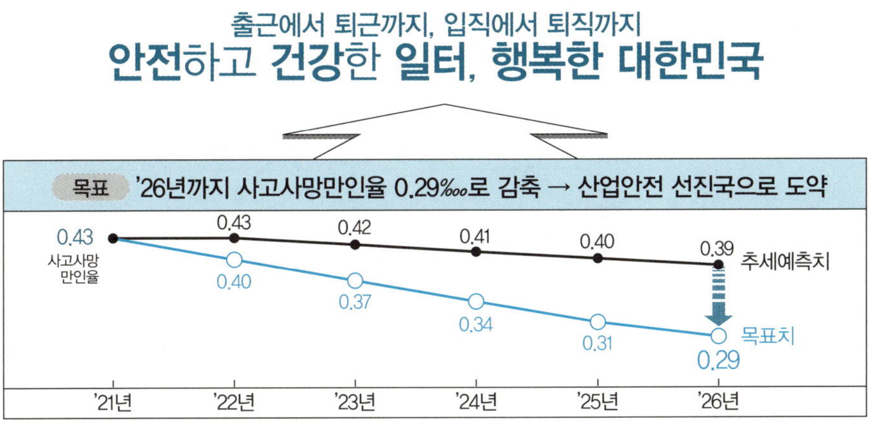

그림 1.13 사고사망 만인율을 0.29‱로 감축

시에는 결과에 대한 책임을 부여하는 자기규율 예방체계를 확립한다.

아울러 신설 또는 고위험 중소기업에 대해 '안전일터 패키지' 프로그램을 통해 '진단–시설개선–컨설팅'을 종합 지원하는 등 중소기업의 안전관리 역량 향상에 집중 지원할 방침이다.

1. 사전 예방체계 확립

위험성평가 제도를 '핵심 위험요인' 발굴·개선과 '재발 방지' 중심으로 운영하고 이를 2025년까지 단계적으로 의무화하고 있다.

또 중소기업도 손쉽게 위험성평가를 할 수 있도록 실질적인 사고발생 위험이 있는 작업·공정에 대해 중점적으로 위험성평가를 실시하고, 쉽고 간편한 체크리스트 기법 등도 개발·보급하고 있다.

아차사고와 휴업 3일 이상 사고에는 모든 근로자에게 사고사례를 전파·공유하고 위험성평가 때 재발방지대책을 반영하도록 지도해 사고의 교훈이 현장의 안전으로 환류되는 체계를 마련하도록 지원하고 있다.

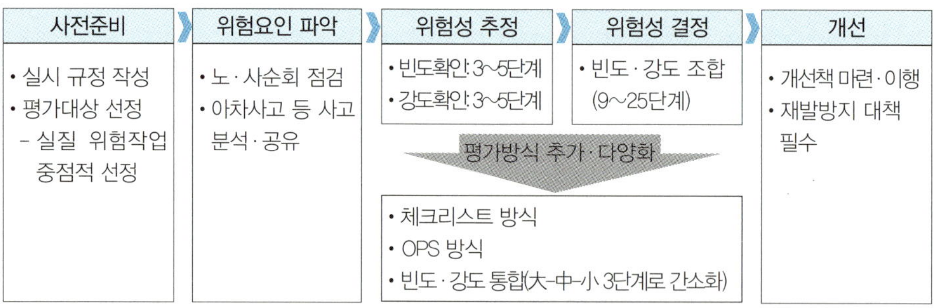

그림 1.14 위험성평가 제도 개편

① 위험성평가 단계별 개선(안)

또 중대재해 사고백서를 발간해 중대재해 예방을 위한 공적 자원으로 활용하도록 하고, 관리감독자가 숨겨진 위험요인 발굴 등 위험성평가의 핵심적인 역할을 효과적으로 수행할 수 있도록 교육도 강화하고 있다.

사업장별 정기·수시 평가 결과가 현장 근로자까지 상시 전달·공유될 수 있도록 '월–주–일 3단계 공유체계'를 확산하고, 위험성평가 결과가 현장 근로자까지 실시간 공유될 수 있도록 모바일 앱을 개발·보급하고 있다.

위험성평가의 현장 안착을 뒷받침하기 위해 산업안전감독 및 법령 체계를 전면 개편한다. 정기 산업안전감독을 '위험성평가 점검'으로 전환해 위험성평가 적정 실시여부와 위험성평가 결과의 근로자 공유 여부, 재발방지대책 수립·시행 여부 등을 근로자 인터뷰 방식 등으로 확인하고 있다.

특히 중대재해 발생 시에는 반드시 지켜야 할 의무 위반 및 위험성평가 적정 실시 여부 등을 중점 수사해 엄중하게 처벌·제재할 방침이다. 다만 위험성평가를 충실히 수행한 기업에서 중대재해가 발생할 경우 자체 노력 사항을 수사자료에 적시해 검찰·법원의 구형·양형 판단 때 고려되도록 하고 있다.

산업·기술 변화 등을 반영해 안전보건기준에 관한 규칙 673개 전 조항을 현행화할 예정이며 유연한 대처가 필요한 사항은 예방규정으로 전환하고 고시와 기술가이드 형식으로 한층 구체적인 내용을 제공한다고 한다. 아울러 중대재해처벌법은 위험성평가와 재발방지대책 수립·시행 위반 등 중대재해 예방을 위한 핵심사항 위주로 처벌요건을 명확화한다고 한다. 상습·반복, 다수 사망재해 등에 대해서는 형사처벌도 확대할 계획이며, 2024년 상반기에 노·사·정이 추천한 전문가들로 '산업안전보건 법령 개선 TF'를 운영해 개선안을 마련할 계획이다.

2. 중대재해 취약 분야 집중 지원 · 관리

효과적인 중대재해 감축을 위해 중소기업 등 중대재해 취약분야를 타겟팅해 집중 지원·관리한다. 6개월 내 신설됐거나 고위험이 우려되는 중소기업에는 '진단–시설개선–컨설팅'을 종합 지원하고, 사업자등록 정보를 활용해 신규 설립 사업주에게 산재예방 정보 및 안전일터 패키지 프로그램 참여를 안내한다.

① 안전일터 패키지 프로그램 운영(안)

중소기업 맞춤형 시설과 인력 지원 등 과감한 정부 재정 투입을 통해 중소기업의 안전관리 역량 향상을 전폭 지원한다.

50인 미안 소규모 제조업의 노후·위험 공정 개선비용을 지원하는 안전 리모델링 사업을 추진하고, 2026년까지 안전보건 인력을 2만 명 이상 추가 양성한다.

업종·규모별 직무 분석을 통해 안전보건 인력 운영 가이드를 마련하고 안전관리 전담인력 추가 선임 시 재정지원도 검토한다.

특히 소규모 기업이 밀집된 주요 산업단지에 공동 안전보건관리자 선임을 지원하고, 노후화 산업단지 내 종합 안전진단·교육·예방활동 등을 수행하는 화학 안전보건 종합센터도 신설·운영한다.

중소기업 대상 민간 재해예방기관 기술지도는 위험성평가 컨설팅으로 전환하고 시설·공정 전반의 위험요인 발굴 및 진단까지 확대 지원한다.

한편 건설·제조업은 위험한 작업환경 개선을 위한 AI 카메라와 건설장비 접근 경보 시스템, 추락보호복 등 스마트 장비·시설을 집중 지원하고 근로자 안전확보 목적의 CCTV 설치도 제도화한다.

건설업 산업안전보건관리비를 활용해 건설현장의 스마트 안전장비 사용을 촉진하고, 스마트공장 사업에 산재예방 협업 모델을 신설해 기계·설비의 설계·제작단계부터 안전장치 내장을 유도한다.

추락·끼임·부딪힘 등 3대 사고유형에 기인하는 8대 요인에는 스마트 안전 시설·장비를 우선적으로 보급한다. 사업장 점검 시에는 핵심 안전수칙 교육 및 준수, 근로자의 위험 인지 여부를 반드시 확인한다. 만약 핵심 안전수칙 위반 및 중대재해 발생 시에는 무관용 원칙에 따라 엄정 대응할 방침이다.

또 하청 근로자 사망사고 예방을 위해 원·하청 기업 간 안전보건 역할·범위 등을 명확히 하는 가이드라인을 마련한다.

대·중소기업 안전보건 상생 협력 사업을 확대하고, 상생협력 우수 대기업에는 동반성장 지수 평가 시 우대한다. 이 밖에도 기업별 산업안전 관련 사항을 '지속가능경영보고서'에 포함해 공시하고 ESG 평가기관에서 활용하도록 유도하며, 산업안전 등 ESG 우수기업에 대한 정책금융 지원 확대를 검토한다.

3. 참여·협력으로 안전의식 및 문화 확산

중대재해의 획기적 감축은 사회구성원 모두가 공감할 수 있는 안전문화가 정착돼 노사가 안전을 '법과 규제'가 아닌 '당연한 가치'로 인식할 때 가능하다.

이에 근로자의 안전보건 참여를 대폭 확대, 산업안전보건법상 근로자 참여의 중심 기구인 산업안전보건위원회 설치대상을 100인 이상에서 30인 이상 사업장으로 넓힌다.

사업장 규모·위험요인별 명예산업안전감독관의 적정 인력 수준을 제시하고 해당 기준 이상 추가 위촉 시 인센티브를 제공하며, 현장 근로자가 안전개선 제안 활동과 작업중지도 관심을 갖고 할 수 있도록 한다.

근로자의 핵심 안전수칙 준수 의무를 산업안전보건법에 명시해 근로자의 안전수칙 준수 여부에 따라 포상과 제재가 연계될 수 있도록 표준 안전보건관리 규정을 마련·보급하고 취업규칙 등에 반영하도록 지도하고 있다.

매해 7월을 산업안전보건의 달로 지정해 중앙 단위 노사정 안전일터 공동선언, 지역 단위 안전문화 실천 추진단 구성·운영, 업종 단위 계절·시기별 특화 캠페인 등 범국가적 차원의 안전캠페인을 대대적으로 전개하고 있다.

사업장 안전문화 확산의 첫 단계인 안전문화 수준 측정을 위해 한국형 안전문화 평가지표(KSCI)도 마련·보급하고 있다.

근로자 안전보건교육을 작업 전 안전점검회의(TBM)와 포럼·세미나 등 현장 중심으로 확대·강화하고, 50인 미만 기업 CEO 대상 안전보건교육 기회도 확대·제공한다. 초·중·고–대학 등 학령 단계별 안전보건교육을 강화하고, 구직자 대상 직업훈련 및 중장년 일자리 희망센터 등 재취업지원 시 안전보건교육을 포함하고 있다.

4. 산업안전 거버넌스 재정비

양질의 종합 기술지도·컨설팅을 제공하는 안전보건 종합컨설팅기관을 육성하고, 평가체계를 개편해 우수기관에 대해서는 공공기관 안전관리 용역 발주 때 가점 등 인센티브를 확대하고 있다.

사고 발생 때 골든타임 확보를 위한 응급의료 비상대응체계를 정비하고, 근로자 대상 CPR(Cardiopulmonary Resuscitation, 심폐소생술) 교육을 의무 교육시간으로 인정한다. 2026년까지 사업장 내 CPR이 가능한 근로자를 50%까지 확대하고 있다.

또 사업장별 비상상황 초기대응과 응급 의료기관 이송경로 등을 포함한 현장 비상상황 대응 가이드라인도 마련·보급하고 있다.

중대재해 상황공유 체계도 고도화한다. 가칭 '산업안전비서' 챗봇 시스템 등을 통해 일반 국민에게 실시간으로 중대재해 속보를 전파·공유할 계획이다.

아울러 지자체, 직능단체, 민간기관, 안전관리자 네트워크 등을 활용해 사고속보를 실시간으로 문자 전송한다. 중대재해 현황 등을 지도 형태로 시각화한 사고분석·공개 플랫폼도 구축하고 있다.

이밖에도 지자체·업종별 협회가 지역·업종별 특화 예방사업을 추진할 경우 정부가 인센티브를 부여하는 방안도 검토할 계획이다.

한편 고용부는 즉시 이행 가능한 과제는 2023년부터 신속히 착수해 가시적인 감축 성과를 도출하고, 법령 개정 및 예산수반 과제는 연차별 세부 추진계획 수립 및 정기적인 이행 점검 등을 통해 추진하고 있다.

아울러 정책과제들을 추진하는 과정에서 국민의 폭넓은 이해와 공감을 얻을 수 있도록 끊임없이 의견을 듣고 반영해 더 보완하고 발전시켜 나갈 계획이다.

고용부 장관은 "이번 로드맵은 선진국의 성공 경험, 수많은 안전보건 전문가와 현장 안전보건관계자의 제언에 기초해 마련한 우리 현실에 맞는 가장 효과적인 중대재해 감축 전략"이라고 설명했다.

이어 "선진국도 자기규율 예방체계가 중대재해 감축을 위한 가장 효과적 전략이라는 사회적 공감대를 형성하고 정책을 일관되게 추진함으로써 큰 성과를 거두었다"면서 "우리도 확신을 가지고 흔들림 없이 추진한다면 일터 안전수준이 획기적으로 높아지는 계기가 될 것"이라고 강조했다.

[출처] 대한민국 정책브리핑(www.korea.kr)

2장

안전보건경영시스템의 국제표준화

01 ESG 경영과 안전보건경영

1. 우리나라의 장수기업 현황

우리나라는 유구한 역사와 전통을 자랑하는 세계에서 몇 안 되는 국가 중 하나이지만 우리나라에서 설립 후 100년이 넘은 장수기업은 2024년 기준으로 두산, 신한은행, 동화약품, 몽고식품, 경방 등 겨우 15개에 불과하다(〈표 2.1〉 참조). 물론 이는 인수합병을 거쳐서 설립 때와 명칭이 달라진 경우까지 포함한 숫자이다.

중소기업중앙회에 따르면, 2024년 기준 일본은 100년이 넘은 장수기업이 3만 3079개, 미국은 1만 2780개, 독일은 1만 73개로 집계됐다. 한국의 경우 1960년대부터 본격적으로 산업화가 시작됐다는 점을 감안하더라도 이들 제조 선진국과의 차이는 너무나 크다.

중소기업계에서는 100년 이상 된 기업은 오랜 기간 축적해 온 노하우를 계승·발전시키면서 기업 경쟁력을 강화하고 지속적으로 성장하며 고용 창출, 신산업 발굴, 지역사회 기여와 같은 다양한 순기능을 한다고 밝히고 있다. 따라서 한국, 일본, 독일과 같이 제조업이 산업 기반인 나라들의 경우는 장수기업

표 2.1 우리나라의 100년 넘은 장수기업 현황

순번	회사명	설립연도	업종 구분	비고
1	두산	1896	기계제조, 식품제도	박승직상점–두산그룹
2	신한은행	1897	금융	조흥은행
3	동화약품	1897	제약	
4	우리은행	1899	금융	상업은행
5	몽고식품	1905	식품제조	
6	광장(주)	1911	비주거용건물임대업	서울종로
7	성창기업	1916	합판제조	성창상점–성창임업(주)
8	KR모터스	1917	모터사이클 제조	경남창원
9	경방	1919	섬유 제조	
10	조선일보	1920	신문발행	
11	동아일보	1920	신문발행	
12	강원여객	1921	운수	동부그룹, 강릉시 소재
13	메리츠화재	1922	보험	조선화재해상보험
14	삼양그룹	1924	식품, 화학제조	삼수사–삼양사
15	하이트진로	1924	소주 주류	진천양조상회–조선맥주

출처: CEO스코어데일리

육성이 매우 중요하다. 오랜 기간 버텨오며 산업의 뿌리 역할을 한 기업들이 또 다른 기업이나 산업의 발전에 도움이 되는 밑거름 역할을 하기 때문이다.

산업화 역사가 짧은 우리나라가 이러한 장수기업을 앞으로 더 많이 육성하기 위해서는 기업의 '지속가능성'의 관점에서 적극적으로 검토하는 것이 중요하다.

ESG의 정의와 의미

ESG는 환경(Environmental), 사회(Social), 지배구조(Governance)의 영문 첫 글자를 조합한 단어로, 이는 기업 경영에서 지속가능성을 달성하기 위한 3가지 핵심 영역이자 기업의 지속적인 성장 및 생존과 직결되는 핵심 가치들이라 할 수 있다.

E, S, G의 각 영역에 포함되는 구성 요소들은 〈그림 2.1〉과 같다

과거에는 기업을 평가함에 있어서 '얼마를 투자해서, 얼마를 벌었는가?' 중심으로 '재무적'인 정량 지표가 가장 큰 기준이었으나 최근에는 기후변화 대응, 인권, 안전보건 등 기업의 사회에 미치는 영향력이 증가하며 '비재무적'인 지표가 기업의 실질적인 가치평가에 있어서 더 중요할 수 있다는 인식이 늘어나고 있다. 또한 기업의 사회적책임에 대한 분위기가 형성되면서 투자자와 소비자들도 기업을 평가할 때 재무적 가치뿐만 아니라 비재무적 가치를 중시하

그림 2.1 ESG의 구성 요소들
출처: KRX ESG 포털(esg.krx.co.kr)

고 있는 추세이다.

ESG 정의는 기관별 설립 목적 및 사업의 특성, 이해관계자의 차이에 따라 상이하게 제시되고 있지만 이를 종합했을 때 공통적으로 제시되는 키워드(keyword)는 투자 의사결정, 장기적인 수익, 재무적인 가치, 경영 리스크, 사회책임, 지속가능성 등으로, 자본시장에서 집중해야 할 ESG 개념은 '투자 의사결정 및 장기적인 재무적 가치에 영향을 미칠 수 있는 중요한 비재무적 요인'이기도 하다.

ESG 경영을 위해서는 'ESG 경영전략'과 'ESG 정보공개' 두 측면이 모두 잘 이루어져야 한다. ESG 관점에서 기업의 전략 과제 등을 설정하고 이러한 활동들을 공개하는 'ESG 경영'을 통해 기업가치를 제고할 수 있다.

흔히 ESG 경영을 단순히 ESG 평가에 대응하여 좋은 등급을 받는 것으로 생각할 수 있지만 과거 폭스바겐의 '크린디젤게이트'처럼 평가와 마케팅 위주의

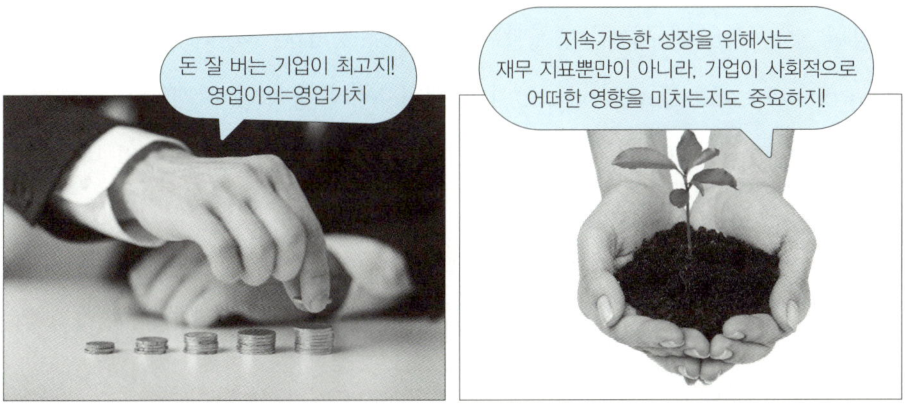

(과거) 재무적 가치 (현재) 비재무적 가치

그림 2.2 재무적 가치와 비재무적 가치 중시 추세
출처: KRX ESG 포털(esg.krx.co.kr)

ESG에 대한 접근은 과거 분식회계와 같은 위험한 접근이 될 수 있다. 진정한 ESG 경영이 구축되기 위해서는 기업의 비전과 목표, 전략 등 경영체계 전반에서 ESG 맞춤 재설계 작업이 필요하다.

ESG 경영의 시작은 ESG 관련 규제에 대응하고 기업의 투자나 자금조달에서 ESG 관련 영향을 검토하는 것뿐만 아니라, 제품의 생산을 위한 공급망부터 사용 후 처리까지 전 과정에서 각 기업의 상품과 서비스가 사회에 어떠한 영향을 주는지 검토하여야 한다.

지속가능성과 ESG의 등장

'지속가능성(Sustainability)'은 현세대의 필요를 충족시키기 위해 미래세대가 사용할 경제·사회·환경 자원을 낭비하거나 여건을 저하시키지 않고 서로 조화와 균형을 이루는 것을 의미한다. 글로벌 차원에서 지속가능성이 주요 의제로 등장한 것은 1987년 세계환경개발위원회(WCED, The World Commission on Environment and Development)가 채택한 '우리 공동의 미래(Our common future)', 일명 '브룬트란트' 보고서[1]에서 지속가능발전이라는 화두가 나오면서부터이다.

그러나 기업경영의 관점에서는 먼저 '지속가능성 경영패러다임'에 대해 살펴보는 것이 필요하다. 지속가능성 경영패러다임은 환경과 사회적책임의 문제

1 WCED는 UN총회가 출범시킨 위원회로서, 여기서 채택한 '우리 공동의 미래'의 명칭을 의장인 전 노르웨이 총리 브룬트란트(Brundtland, G.H)의 이름을 따서 브룬트란트 보고서라고 명명하기도 한다.

해결뿐 아니라, 비즈니스 모델의 혁신과 협력의 중요성을 강조한다. 이는 다음과 같은 특징을 가지고 있다.

첫째, 환경문제, 사회문제, 경제문제를 종합적으로 고려한다. 기업은 수익창출과 경쟁력 강화를 위해 환경문제와 사회적책임의 문제를 해결하면서도, 지속가능한 발전을 추구해야 한다. 이를 위해서는 기업의 비즈니스 모델과 전략을 혁신하는 것이 필요하다.

둘째, 비즈니스 모델의 혁신을 강조한다. 지속가능한 경영을 추구하면서도, 비즈니스 모델의 혁신이 필요하다. 기존의 비즈니스 모델이 지속가능한 경영과 맞지 않을 경우는 새로운 비즈니스 모델을 도입하여 지속가능한 경영을 추구해야 한다.

셋째, 협력의 중요성을 강조한다. 단일 기업의 노력만으로는 지속가능한 발전을 이룰 수 없기 때문에 기업 간 협력과 지역사회와의 협력이 중요하다. 이를 통해 다양한 지속가능한 경영 활동을 추진하고 지속가능한 발전을 이룰 수 있다.

넷째, 새로운 평가지표를 도입한다. 기업이 지속가능한 경영을 추구하기 위해서는 새로운 평가지표를 도입하여 기업의 지속가능한 경영능력을 평가하고 개선해야 한다. 이를 위해 ESG(Environmental, Social, Governance)와 같은 평가지표를 도입하여 기업의 환경문제, 사회적 책임, 거버넌스 등을 평가한다.

따라서 지속가능성 경영패러다임은 비즈니스 모델의 혁신과 협력, 그리고 새로운 평가지표를 통한 지속 가능한 경영을 추구하는 방향으로 전환되고 있다. 이러한 경영패러다임은 기업들이 지속가능한 경영을 추구하는 데 있어서 새로운 기회를 제공하고 있다.

ESG의 등장은 기업의 경영패러다임에 큰 변화를 가져왔다. 기존에는 이익 창출에만 초점을 두었던 경영패러다임에서 ESG를 고려한 지속가능한 경영 활동에 대한 관심이 높아졌기 때문이다. ESG는 기업이 환경문제와 사회문제를 해결하고 거버넌스를 개선하는 데 도움을 주는 지표이다. 따라서, 이를 고려하지 않는 기업은 투자 등의 기회를 상실할 가능성이 크고, 지속가능한 경영 활동을 추구함으로써 더 큰 경쟁 우위를 가질 기회를 포기하는 것과 같다.

또한, ESG가 중요시되는 이유는 투자자와 소비자 등 다양한 이해관계자들이 지속가능한 경영을 중요시하기 때문이다. 이러한 이해관계자들은 기업의 ESG 수준을 고려하여 투자 또는 구매를 결정하기 때문에 기업은 ESG 수준을 개선함으로써 다양한 이해관계자들의 관심을 끌 수 있도록 해야 한다. 이러한 ESG의 등장은 기업이 단순히 이익 창출에만 초점을 두는 것에서 벗어나 환경과 사회, 거버넌스 등의 다양한 이슈에 대한 책임을 느끼게 만들어 지속가능한 경영을 추구하는 데 큰 역할을 하고 있다. 이는 기업이 사회적책임을 다하는 동시에 더 나은 경영 성과를 달성할 수 있도록 도와준다.

ESG 경영과 안전보건 리스크 감소

그러면 ESG 경영은 기업의 안전보건경영활동에 어떤 의미를 가지며 어떤 도움을 주는가?

'안전 및 보건'은 E, S, G의 영역 가운데 사회(S) 영역의 중요 항목으로 자리 잡고 있다. 이것은 과거 '주주 제일주의' 시대에 무시되었거나 금전으로 보상되었던 안전과 건강 문제가 이제는 사회적으로 중요한 사항이 되었음을 의미한다. ESG 경영과 안전보건경영의 연관성과 그 의미에 대해 살펴본다.

1. 직원의 안전 및 건강 측면

안전보건경영은 직원의 안전과 건강을 보호하는 것을 목표로 한다. 이는 앞에서도 제시했듯이 ESG의 '사회적' 부분과 직접적으로 연결된다. 안전한 작업환경을 제공함으로써 기업은 사회적책임을 다하고 직원 복지를 증진시키며, 이는 다시 직원의 만족도와 생산성 향상으로 이어진다.

2. 환경보호 측면

안전보건경영은 환경보호와도 깊은 관련이 있다. 예를 들어, 산업현장에서의 화학물질 취급, 폐기물 처리, 오염방지 조치 등은 ESG의 '환경적' 요소를 충족시키는 데 중요한 역할을 한다. 안전하고 건강한 작업환경은 환경적 지속가능성에 기여한다.

3. 기업의 지배구조 측면

안전보건경영시스템은 효과적인 기업 지배구조의 중요한 부분이다. 이는 기업이 어떻게 위험을 관리하고 법적 규정을 준수하며 윤리적으로 행동하는지를 반영한다. 강력한 안전보건관리체계는 투명성과 책임성을 강화하는 데 기여하며, ESG의 '지배구조' 측면과 연결된다.

4. 위험관리 및 지속가능성 측면

안전보건경영은 잠재적인 사고와 재해를 예방함으로써 기업의 운영적 및 재정적 위험을 감소시킨다. 이는 기업의 장기적인 지속가능성과 기업가치 증대에 기여한다. ESG 경영은 이러한 기업의 지속가능성장을 추구한다.

5. 이해관계자 관계 및 평판 관리 측면

효과적인 안전보건경영은 이해관계자들, 특히 직원들과 지역사회에 긍정적인 영향을 미친다. 이는 기업의 ESG 평판을 강화하고, 투자자와 소비자에게 긍정적인 인식을 가져다준다.

6. 법규 준수 측면

많은 국가에서 안전보건 관련 법규가 강화되고 있다. 이러한 법규를 준수하는 것은 기업의 법적 책임을 충족시키는 것이며, 이는 ESG 경영의 중요한 부분이다.

이처럼 ESG 경영은 기업의 리스크 감소와 지속가능성장 및 장기적 성공을 위한 핵심전략이자 효과적인 수단이므로 그 의미와 연관성을 잘 살려 안전보건경영 체계를 구축하여 운영하는 것이 중요하다.

최근 몇 년간 우리나라는 안전보건 이슈가 기업의 가장 중요한 경영 화두였고, 이에 대한 사회적 요구사항도 법제화되고 기업의 의무사항으로 자리 잡았다. 이 또한 ESG 경영의 전체 틀 안에서 보면 사회적 가치의 변화라고 할 수 있다. 우리나라 안전보건 변화의 흐름 가운데 표면적으로 가장 크게 보이는 것은 2022년 1월부터 시행하고 있는 '중대재해 처벌 등에 관한 법률(약칭: 중대재해처벌법)'이다. 앞으로 기업이 근로자에 대한 안전보건책무를 다하지 못할 경우에는 경영활동이 어렵게 될 것이고 해당 기업은 퇴출 대상으로 내몰릴 수도 있다. 중대재해처벌법은 산업재해가 발생했을 경우 사업주와 경영책임자가 형사처벌 대상이 된다. 회사에 벌금을 가하던 기존 산업안전보건법보다 강화된 것이다.

중대재해처벌법은 많은 산업현장에서 중대재해가 끊이지 않고, 근로자 사망 등의 인명사고가 지속적으로 발생했기 때문에 만들어졌다고 볼 수 있다. 기존에는 산재가 발생했을 때 대개는 현장의 관리감독자나 책임자에게 처벌을 내리는 것으로 사안이 종료되었다. 이로 인해 발생재해에 대한 근본적인 원인 해결이 미흡하여 같은 재해가 반복해서 발생했기 때문에 이 법안이 발효되었다고 볼 수 있다.

그러나 중대재해처벌법 같은 규제법만으로 산업재해를 근원적으로 차단하고 산업현장의 인명피해를 줄일 수 있다는 논리에는 문제가 있다. 그보다는 ESG 경영을 통해 이해관계자들이 많은 요구사항을 준수할 수 있도록 시스템 및 제도를 잘 갖추어 산업재해를 미리 줄이는 방안을 강구하는 것이 바람직하다. 즉 ESG 경영의 관점에서 안전보건경영시스템을 구축·운영하고 리스크를 파악하여 실행하고 있는지를 실증적인 점검을 통해 평가하고 후속조치를 실행한다면 잠재적인 사고와 재해를 미리 예방할 수 있고 많은 긍정적인 변화를 기대할 수 있을 것이다.

그렇다면, ESG 경영의 관점에서 안전보건 리스크를 해결하기 위해서는 어떻게 해야 하는가? 중대재해처벌법의 시행도 법의 테두리 안에서 보면 가장 강력한 규제법이라 볼 수 있으나, 처벌 위주의 내용을 빼고 시스템 및 가이드라인의 관점에서 본다면 안전보건경영시스템으로도 해결할 수 있다.

ISO 45001:2018 안전보건경영시스템의 구축 및 이행조치 사항을 보면, 경영자 리더십 및 근로자의 참여, 기획, 지원과 위험요인 파악, 위험요인의 제거·대체·통제, 비상조치 계획의 수립, 도급·용역·위탁 시 안전보건 확보 등의 운영, 성과평가 및 개선으로서, 이해관계자의 요구사항과 법적·규제적 준수의무 등을 실행하게 되어 있는 시스템 운영 방법론이라 할 수 있다. 그리고 2021년 12월에 산업자원부가 주관하여 기업의 ESG 경영활동을 진단·평가하기 위한 툴로 개발, 보급한 K-ESG 가이드라인도 이러한 방법론의 또 하나이며 기업에서 이를 잘 활용하면 효과적인 수단이 될 수 있다.

K-ESG 가이드라인에서 '중소·중견기업의 기본 진단항목'을 보면, ESG 경영의 사회(S) 영역 안에 '산업안전' 범주가 있고, 이에 대한 진단·평가 항목으로 '안전보건 추진체계'와 '산업재해율'을 정하고 있다. 참고로 이에 대한 점검기준을 〈표 2.2〉와 〈표 2.3〉에 예시해 본다. 이 가이드라인은 중소·중견기업에서도 회사의 ESG 경영 및 안전보건활동의 자체 진단 및 평가에 유용하게 활용할 수 있고, 안전보건 리스크를 미리 파악하여 예방대책을 세울 수 있는 등 많은 효과를 기대할 수 있다.

표 2.2 안전보건 추진체계 점검기준

구분	분류번호	영역	범주
	S-4-1	사회	산업안전
항목	안전보전 추진체계		
항목 설명	• 조직이 산업인력 손실, 구성원 사기 저하, 생산성 및 품질 하락, 노사관계 악화 등 경제적 손실과 사회적 비용을 예방하기 위해, 안전 리스크 저감 및 건강·복지 증진 등 안전보건 성과 개선을 체계적으로 추진하고 있는지 확인 • 국내외 규격에서 제시하는 안전보건경영시스템 구성요건을 기준으로, 조직이 이를 따르거나 준용하여 안전보건 추진체계를 갖추고 있는지 점검		

성과 점검	조직의 안전보건 관리가 체계적으로 추 진되고 있는지 점검하기 위해 ① 경영자 리더십, ② 근로자 참여, ③ 위험요인 파악 및 제거 · 대체 · 통제, ④ 비상조치 계획의 수립, ⑤ 평가 및 개선 여부를 측정 [데이터 원천] 안전보건경영시스템, 안전보건 정책, 안전보건 관리 규정 [데이터 기간] 직전 회계연도 [데이터 범위] N/A [데이터 산식] N/A
점검 기준	요건 1: 경영자가 확고한 리더십으로 비전을 제시하고 필요한 자원을 배정하는 경우 (안전경영방침 공표, 인력 · 시설 · 장비 등 배정, 구성원에게 책임과 권한 부여) 요건 2: 안전보건관리체계 구축을 위해 근로자의 참여 및 협의를 보장하는 경우 (안전보건 정보공개, 구성원 참여절차 마련, 의견제시 문화 조성 등) 요건 3: 조직의 위험요인 파악과 이에 대한 제거 · 대체 · 통제 조치를 하는 경우 (유해위험요인 파악, 위험성 평가, 위험요인 제거 · 대체 · 통제 방안 마련, 교육 훈련 실시) 요건 4: 중대한 위험요인에 대처할 수 있는 비상 조치계획을 수립한 경우 (위험요인별 시나리오 및 조치계획 수립, 주기적 훈련, 사업장 내 도급 근로자 등 모든 구성원에 대한 보호 여부) 요건 5: 안전보건 과제 및 목표의 이행현황을 평가하고 개선하는 경우 (목표 설정, 계획대비 달성 여부 평가, 문제점에 대한 주기적 검토와 개선) 점검 기준 적용방안(선택형): 1개 이하 충족 0점 / 2개 충족 25점 / 3개 충족 50점 / 4개 충족 75점 / 5개 충족 100점

요건	내용
요건 1	경영자가 확고한 리더십으로 비전을 제시하고 필요한 자원을 배정하는 경우 (안전경영방침 공표, 인력 · 시설 · 장비 등 배정, 구성원에게 책임과 권한 부여)
요건 2	안전보건관리체계 구축을 위해 근로자의 참여 및 협의를 보장하는 경우 (안전보건 정보공개, 구성원 참여절차 마련, 의견제시 문화 조성 등)
요건 3	조직의 위험요인 파악과 이에 대한 제거 · 대체 · 통제 조치를 하는 경우 (유해위험요인 파악, 위험성 평가, 위험요인 제거 · 대체 · 통제 방안 마련, 교육 훈련 실시)
요건 4	중대한 위험요인에 대처할 수 있는 비상 조치계획을 수립한 경우 (위험요인별 시나리오 및 조치계획 수립, 주기적 훈련, 사업장 내 도급 근로자 등 모든 구성원에 대한 보호 여부)
요건 5	안전보건 과제 및 목표의 이행현황을 평가하고 개선하는 경우 (목표 설정, 계획대비 달성 여부 평가, 문제점에 대한 주기적 검토와 개선)

점검 기준 적용방안(선택형)

1개 이하 충족	2개 충족	3개 충족	4개 충족	5개 충족
0점	25점	50점	75점	100점

출처: 산업통상자원부, K-ESG 가이드라인 v1.0, 2021. 12.

이런 방법들을 실행한다고 해서 기업의 모든 문제가 바로 해결된다고 할 수는 없을 것이다. 먼저 대기업 중심으로 평가가 진행되고, 단계적으로 대기업의 협력업체 평가를 통해 지도개선이 이루어지면 예상보다 빨리 해결될 수도 있다. ESG 경영과 안전보건경영시스템 안에서 이런 방식으로 관리되고 통제된다면 임직원들이 회사의 경영리스크를 이해하게 되고 문제를 해결하기 위해 함께 노력하는 분위기로 차츰 바뀌게 될 것이다.

안전보건관리는 기업의 사회적 책임이며 경쟁력 제고의 첫걸음이다. ESG에 대한 사회적 관심이 증가하는 상황에서 안전보건관리는 ESG 이행의 가장 기본이 되는 사항이다. 안전을 위한 지출은 비용이 아닌 투자이고 경영의 중요한 한 부분이다. 산업재해가 발생하면 심각한 작업 차질과 손실이 발생하고 품질 및 생산성 저하는 물론 회사의 이미지에도 부정적인 큰 영향을 끼칠 수 있다.

따라서 이제는 말뿐인 안전보건이나 규제와 처벌로만 인식되는 안전보건이 아닌, ESG 경영의 관점과 시스템적 접근방법에 의한 체계적이고 예방적인 안전보건활동이 지속적으로 이루어져야 할 것이다.

표 2.3 산업재해율 점검기준

구분	분류번호	영역	범주
	S-4-2	사회	산업안전
항목	산업재해율		
항목 설명	• 조직의 안전보건 거버넌스 구축, 중점과제 추진, 업무시스템 구축, 성과점검 및 평가 등 안전보건 추진체계가 효과성을 나타내고 있는지 확인 • 조직 구성원의 안전보건을 위협하는 요인을 지속적으로 관리하고 재해율을 줄이기 위해 노력하고 있는지 점검(국내외 모든 구성원으로부터 발생하는 산업재해율 추이와 산업 평균 비교/분석)		

성과 점검	조직의 지난 5개년 간 산업재해율이 감소 추세에 있는지, 지난 1개년 산업재해율이 미만인지 측정 [데이터 원천] '전자공시시스템' 上 사업보고서, '홈페이지' 上 지속가능경영보고서, '고용노동부 홈페이지' 上 산업재해 현황분석 [데이터 기간] 최근 5개 회계연도 [데이터 범위] 국내 및 해외 사업장 [데이터 산식] 산업재해율=(재해자 수/ 연평균 근로자 수)*100
점검 기준	(아래 참조)

현재 수준 (1/2)	단계	기준
	1단계	직전 1개년 산업재해율 당해년도 산업평균 초과
	2단계	직전 1개년 산업재해율 당해년도 산업평균 동일
	3단계	직전 1개년 산업재해율 당해년도 산업평균 미만

추세 (1/2)	단계	기준
	1단계	지난 5개년 산업재해율 증가 추세
	2단계	지난 5개년 산업재해율 변동 없음
	3단계	지난 5개년 산업재해율 감소 추세

*지난 5개년 간 산업재해율 정보를 관리하지 않는 경우 0점 적용

점검 기준 적용방안(단계형)

*2개 영역의 단계별 점수 산출 후, 가중평균해 해당 항목의 점수로 산출 = 현재수준 점검 기준에 따른 점수*1/2+추세 점검 기준에 따른 점수*1/2

1단계	2단계	3단계
0점	50점	100점

출처: 산업통상자원부, K-ESG 가이드라인 v1.0, 2021. 12.

02 안전보건경영시스템의 중요성

안전보건경영시스템의 정의

안전보건경영시스템이란 산업재해를 예방하고 최적의 작업환경을 조성·유지할 수 있도록 모든 직원과 이해관계자가 참여하여 기업 내 물적, 인적 자원을 효율적으로 배분하여 조직적으로 관리하는 경영시스템을 말한다(한경 경제용어사전).

안전보건경영시스템이란 최고경영자가 경영방침에 따라 안전보건정책을 선언하고 이에 대한 계획(Plan)을 수립하고 이를 지원(Support), 실행 및 운영(Do)하며, 평가 및 심사하여 결과를 최고경영자가 검토(Check)하고 시정조치(Act)하는 P–D–C–A 순환과정을 통하여 지속적인 개선이 이루어지도록 하는 체계적인 안전보건활동이다. ISO 45001이란 사업장의 자율안전보건경영체계 구축을 위하여 ISO에서 제정한 안전보건경영시스템 인증규격(KS Q ISO 45001:2018)으로 인증기준에 따라 사업장의 안전보건경영체계를 심사하여 기준에 적합하다는 것을 인증하는 제도이다.

안전보건경영시스템은 조직이 자율적으로 산업재해를 예방하기 위해 위험요인과 위험성을 평가하고 지속적인 사건·사고 예방 활동을 전개하고 유지하기 위한 최소한의 요구사항을 정한 규격이다. 안전보건경영시스템의 국제표준규격으로 채택된 ISO 45001:2018의 경우 HLS(high level structure) 구조를 적용하여 ISO 9001:2015와 같은 프레임구조를 가지고 있으며, 관리자 책임, 조달 및 도급, 협력업체와 다른 방식으로 고용된 인적자원들도 그 관리대상이 된다.

안전보건경영시스템은 〈그림 2.3〉과 같이 리더십 및 근로자 참여의 중심으로 기획(Plan) → 지원 및 운용(Do) → 성과평가(Check) → 개선(Act)의 지속성

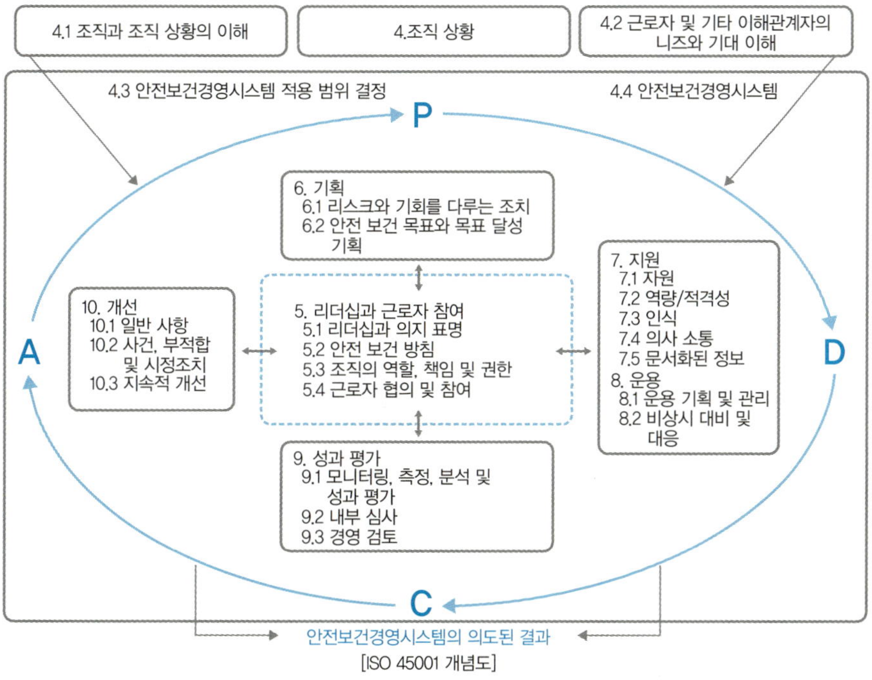

그림 2.3 안전보건경영시스템 모델(PDCA 사이클)

출처: 황정웅, 기업의 안전보건경영시스템, ㈜도서출판 성안당, 2021.7.29.

을 요구하는 프로세스를 표방하고 HLS 구조의 기본원칙으로 관리자와 근로자가 산업 안전보건에 대해 충분히 인식하고 있어야 한다는 것이다.

안전보건경영시스템의 변화과정[2]

18세기부터 영국은 건강보호법을 제정하여 노동자의 안전과 산업재해 예방을 시작하였다. 안전보건경영시스템의 태동은 1991년 HSG 65 규격을 제정한 영국에서 시작되었다. 이 규격을 바탕으로 1996년 OHSAS 18001 규격을 제정하여 국내에도 도입되어 인증이 시작되었다.

ISO에서는 2018년 3월 영국 단체규격 OHSAS 18001의 형태를 ISO 45001 표준규격으로 제정 및 발간하였다. OHSAS 18001은 13개 국제인증기관이 합의하여 제정한 단체표준이었다.

K-OHSMS 18001은 국내 사업장의 안전보건경영시스템 도입을 활성화하고 안전보건경영의 효과성을 제고시키기 위해 한국인정지원센터(KAB)에서 OHSAS 18001을 기반으로 제정한 시스템이다. 또한 안전보건공단에서는 안전보건경영시스템을 바탕으로 KOSHA 18001을 제정하여 국내에서는 두 가지 인증체제로 나누어지게 되었다.

안전보건공단에서 인증하는 KOSHA 18001은 주로 일반기업 또는 정부 주요시설 및 기관이 인증받도록 범위를 제한하고 있는데 해외 Client를 이해관계자로 사업을 하는 기업에서는 주로 OHSAS 18001 인증을 유지하고 있다.

2 한상백, 〈ISO45001 안전보건경영시스템 인증유지 활동의 문제점과 개선방안〉, 한밭대학교 산업대학원 석사학위 논문, 2021년 2월

2018년 3월 12일 ISO에서 제정한 ISO 45001 안전보건경영시스템은 기존의 ISO 9001, ISO 14001 규격과 요구사항의 체계를 동일하게 구성하였고 요구사항에 이슈를 다루는 조직상황, 근로자 및 이해관계자 니즈와 기대 이해, 리더십과 근로자 참여, 근로자 협의 및 참여, 리스크와 기회를 다루는 조치, 변경관리 등이 새로 도입되었다.

ISO 45001 안전보건경영시스템이 제정됨에 따라 기존의 ISO 18001 인증조직은 3년 유예기간을 거쳐 2021년 3월 11일까지 전환을 완료하여 유지하고 있으며, 2020년 9월 11일 이후부터는 신규인증의 경우 ISO 45001:2018 버전으로만 인증되어 오고 있다.

안전보건경영시스템 ISO 45001:2018은 위험요인을 파악하고 개선하여 효과적인 예방 및 보호조치를 취함으로써 경영리스크를 최소화하려는 모든 조직에 적용할 수 있도록 제정되었다. 최고경영자의 의지와 근로자 및 이해관계자를 포함하여 모든 사업장에서 발생할 수 있는 위험을 사전예방 관리하는 시스템적 사고를 표방하고 있다. 또한 시스템의 활용과 지속적인 운용을 통해 근로자의 안전보건을 보장하고 조직의 리스크를 효과적으로 관리하고 이윤창출을 할 기회를 제공한다.

안전보건경영시스템의 주요 항목별 요구사항

ISO 45001 안전보건경영시스템의 주요 항목별 요구사항 내용을 살펴보면 다음과 같다.

1. 조직상황

① 조직과 조직상황의 이해

조직이 안전보건경영시스템을 구축할 때 의도된 결과를 달성하는 조직의 능력을 인식하고 조직의 현재 상황을 파악하여 내부와 외부의 이슈를 명확하게 하여야 한다.

조직상황의 이해는 안전보건경영시스템의 수립, 실행, 유지 및 지속적 개선을 위해 사용한다. 내부와 외부 이슈는 긍정적 또는 부정적일 수 있고, 안전보건경영시스템에 영향을 줄 수 있는 조건, 특성 또는 변화하는 환경을 포함한다. 내부 이슈로는 거버넌스, 조직 구조, 역할, 책무, 방침, 목표 및 이를 달성하기 위한 전략 등이 있으며, 외부 이슈로는 국제적, 국가적, 지역적 또는 지방적인 문화적, 사회적, 정치적, 법적, 재무적, 기술적, 경제적, 자연적 환경 및 시장경쟁 등을 들 수 있다.

② 근로자 및 기타 이해관계자의 니즈와 기대 이해

안전보건경영시스템을 구축할 때 근로자 및 기타 이해관계자가 조직에 무엇을 요구하는지를 결정하여 관리하여야 한다.

2. 리더십과 근로자 참여

① 리더십과 의지표명

최고경영자가 조직 안에서 안전보건경영시스템에 대한 리더십 및 의지표명을 실증하기 위해 자신이 관여하고 지휘하는 활동을 파악하고 실행하여야 한다. 안전보건경영시스템의 성공과 의도된 성과달성을 위해서는 인식, 책임성,

적극적인 지원 및 피드백을 포함하여 조직의 최고경영자가 제시한 리더십 및 의지표명이 중요하다. 따라서 최고경영자는 개인적으로 관여하거나 지시해야 하는 특정 책임을 진다.

조직의 안전보건경영시스템을 지원하는 문화는 주로 최고경영자에 의해서 결정되고 이는 안전보건경영시스템에 대한 의지표명과 스타일 및 숙련도를 결정하는 개인과 집단의 가치, 태도, 경영 관행, 인식, 역량 및 활동 방식의 산물이다. 특히 문화는 근로자의 적극적 참여, 상호 신뢰를 바탕으로 한 협력과 의사소통, 안전보건 기회 발견에 적극적 참여, 예방 및 보호조치의 효과성에 대한 확신으로 안전보건경영시스템의 중요성에 대한 공유된 인식을 특징으로 한다.

최고경영자가 리더십을 발휘하는 중요한 방법은 근로자가 사고, 위험요인, 리스크 및 기회를 보고하도록 격려하고, 보고하였을 때 근로자를 해고 위협이나 징계 조치와 같은 보복으로부터 보호하는 것이다.

② 안전보건방침

최고경영자는 안전보건방침을 수립하여 근로자 및 이해관계자에게 자신의 의지를 전달하여야 한다. 안전보건 방침은 최고경영자가 조직의 안전보건 성과를 지원하고 지속적으로 개선하기 위해 조직의 장기적 방향을 제시하는 의지표명으로 명시된 일련의 원칙이다. 안전보건 방침은 전반적인 방향감각을 제공하고 조직이 목표를 설정하고 안전보건경영시스템의 의도된 결과를 달성하기 위한 조치를 취할 수 있는 틀을 제공한다.

③ 조직의 역할, 책임 및 권한

안전보건경영시스템에서 역할, 책임 및 권한을 모든 계층에게 부여하고, 의사소통하며, 문서화된 정보로 유지하여야 한다. 안전보건경영시스템에 참여하는 인원은 의도된 결과를 달성하기 위해 그들의 역할, 책임 및 권한을 명확하게 이해하여야 한다. 최고경영자는 안전보건경영시스템에 대하여 전반적인 책임과 권한을 가지고 있으나 작업장 내의 모든 인원은 자신의 건강과 안전뿐만 아니라 다른 사람의 건강과 안전도 고려해야 한다.

책임 있는 최고경영자란 조직을 지배하는 기관, 법적인 관계 당국 및 더 나아가 조직의 이해관계자에 관하여 결정과 행동에 대하여 책임을 지는 것을 의미한다. 근로자는 위험한 상황을 보고하고 조치할 수 있는 권한을 가져야 한다. 그러기 위해서는 근로자는 해고, 징계 또는 기타 보복의 위협 없이 책임 있는 관계 당국에 우려 사항을 보고할 수 있어야 한다.

④ 근로자 협의 및 참여

조직은 안전보건경영시스템의 개발, 기획, 실행, 성가평가 및 개선을 위한 조치에 대해서 근로자의 협의와 참여에 대한 프로세스를 수립하여야 한다.

근로자 및 근로자 대표와의 협의와 참여는 안전보건경영시스템의 성공에 핵심요소라 할 수 있으므로 조직에서 수립된 프로세스를 통하여 촉진하여야 할 것이다.

협의는 대화와 교류를 수반한 양방향 의사소통을 의미하며, 근로자 및 근로자 대표에게 필요한 정보를 시의적절하게 제공하여 의사결정을 하기 전에 조직이 고려할 정보에 근거한 피드백을 제공한다.

3. 기획

① 리스크와 기회를 다루는 조치

기획은 일회성 업무가 아니라, 변화하는 상황을 예측하고 리스크와 기회를 지속적으로 결정하는 연속적인 프로세스이며, 전체적으로 경영시스템에 대한 활동과 요구사항 간의 관계 및 상호작용을 고려한다.

안전보건 기회는 위험요인의 파악, 그에 대한 의사소통 방법, 그리고 알려진 위험요인의 분석 및 완화를 다룬다.

위험요인 파악은 새로운 작업장, 시설, 제품 또는 조직의 개념 설계 단계에서 시작되며, 설계가 구체화되고 운영될 때까지 계속되고, 전체 수명 주기 동안 진행되어야 한다.

제품의 제조, 건설, 조립 또는 시험 중에 발생하는 근로자에 대한 위험요인을 고려해야 하며, 위험요인 파악은 조직이 위험요인을 평가, 우선순위 지정 및 제거하거나 안전보건 리스크를 줄이기 위하여 작업장과 근로자에게 있는 위험요인을 인식하고 이해하는 것을 돕는다.

조직의 위험요인 파악 프로세스는 다음 사항을 고려하여야 한다.

- 일상적 및 비일상적 활동 및 상황
- 인적 요인
- 새로운 또는 변경된 위험요인
- 잠재적 비상 상황
- 인원
- 위험요인에 대한 지실 및 정보의 변화

② 안전보건 목표와 안전보건 목표 달성 기획

안전보건 목표는 안전보건 성과를 유지하고 향상시키기 위해서 설정된다. 목표는 조직이 안전보건경영시스템의 의도된 결과를 달성하는 데 필요한 것으로 식별한 리스크와 기회 및 성과 기준과 연계되어야 한다.

안전보건목표는 다른 사업 목표와 통합될 수 있으며, 관련 기능과 수준에 맞게 설정되어야 한다. 목표는 전략적, 전술적 또는 운영적일 수 있다.

조직은 안전보건 목표 달성을 위한 안전보건 계획을 수립하고 목표 달성을 위해 필요한 자원을 조사하여야 하며, 달성 기한 등을 결정하여야 한다.

4. 지원

① 자원

조직은 안전보건경영시스템의 구축 및 운영에 필요한 자원 및 경영시스템의 지속적 개선에 필요한 인력, 예산 등 자원을 결정하여 배분하여야 한다.

자원에는 인적 자원, 천연자원, 기반구조, 기술 및 재정 자원이 있으며, 기반구조에는 조직의 건물, 플랜트, 장치, 유틸리티, 정보기술 및 의사소통 시스템, 긴급 봉쇄 시스템 등이 포함된다.

② 역량/적격성

안전보건경영시스템의 성과 및 효과성에 영향을 미치는 업무를 수행하는 인원에 대해 필요한 역량을 결정하여 역량을 획득하고 유지하기 위한 조치를 하여야 한다.

근로자의 역량에는 근로자의 업무 및 작업과 관련된 위험요인을 적절하게 식별하고 안전보건 리스크를 다루는 데 필요한 지식과 기술을 반영해야 한다. 근로자는 긴급하고 심각한 위험 상황에서, 스스로 벗어날 수 있는 필요한 역량을 가져야 할 것이다. 이러한 목적을 위해, 근로자가 그들의 업무와 관련된 위험요인과 리스크에 대하여 충분한 교육훈련을 받는 것이 중요하다.

③ 인식

근로자뿐만 아니라 계약자, 방문자 및 기타 인원은 그들에게 노출된 안전보건 리스크를 인식하여야 할 것이다.

④ 의사소통

조직은 의사소통 프로세스를 구축하여 내부 및 외부 의사소통에 대한 사항을 결정하고 실행하여야 한다. 조직에 의해서 수립된 의사소통 프로세스에는 정보의 수집, 갱신 및 배포가 규정되어 있어야 할 것이다. 의사소통 프로세스는 관련된 정보를 제공하고, 이를 모든 관련된 근로자와 이해관계자에게 배포하고 그들이 이해할 수 있도록 보장하여야 할 것이다.

⑤ 문서화된 정보

조직은 안전보건경영시스템에서 요구하는 문서화된 정보와 조직 자체가 결정한 문서화 정보를 명확하게 작성 및 유지, 보유하여야 한다. 아울러 문서의 효과성, 효율성 및 단순성을 동시에 보장하기 위해 문서화된 정보의 복잡성 수준을 가능한 한 최소화하도록 유지하는 것이 중요하다.

5. 운용

① 일반사항

조직은 작업장 및 활동에 대해 합리적으로 실행 가능한 수준까지 안전보건 리스크를 감소시킴으로써 위험요인을 제거하거나 실행 불가능한 경우에는 작업장 안전보건을 향상시키기 위해 필요에 따라 운영 기획 및 관리를 수립하고 실행해야 한다.

② 위험요인 제거 및 안전관리 리스크 감소

조직은 결정된 유해위험 요인 제거 및 리스크 감소에 대한 관리 단계의 우선순위를 결정하기 위한 프로세스를 구축하여야 한다.

위험요인 제거 및 안전보건 리스크 감소 조치의 우선순위는 단계별로 다음과 같다.

- **제거**: 위험요인 제거, 유해한 화학물질 사용 중단 등
- **대체**: 덜 위험한 것으로 위험물을 대체
- **기술적 관리**: 격리, 환기시스템, 소음감소, 안전난간 설치 등
- **교육훈련을 포함한 행정적인 관리**: 작업교대 변경, 근로자에게 적절한 지침 제공 등
- **개인보호구(PPE)**: 적절한 개인보호구 제공 및 착용

③ 변경관리

조직은 변경 사항에 의한 변경의 계획, 실시 및 관리하는 변경관리 프로세스를 구축하여 안전보건에 새로운 유해위험 요인이나 안전보건 리스크가 발생

하는 것을 최소화하여야 한다.

④ 조달

조직은 제품 및 서비스의 조달을 관리하기 위한 프로세스를 구축하고 계약자 및 외주 처리에 대한 기준을 정하여 외부에서 유해위험한 것이 반입 및 운용되지 않도록 관리하여야 하며, 조달관리 프로세스는 조직의 안전보건경영시스템을 준수하기 위해 구매한 소모품, 장비, 원자재 및 기타 물품 및 관련 서비스를 포함하여 요구사항을 처리하는 것이 좋다.

⑤ 비상시 대비 및 대응

조직은 잠재적인 비상상황의 대비 및 대응 프로세스를 구축·운용하여 계획적인 대응 절차를 수립하고 훈련·연습을 실시하여 대응조치하여야 하며, 비상시 대비 계획은 내외부에서 정상 작업시간 이외에 발생하는 자연적, 기술적 및 인위적 사건을 모두 포함할 수 있다.

6. 성과평가

조직은 모니터링, 측정, 분석 및 성가평가 프로세스를 구축하여 모니터링 측정 대상, 방법, 기준 및 시기를 정한 후 프로세스에 따라 실행하고, 안전보건 성과를 평가하며, 안전보건경영시스템의 효과성을 확인하여야 한다.

① 준수평가

조직은 법적 요구사항 및 기타 요구사항의 준수 상황을 평가하는 프로세스를 구축하여 평가를 실시하고 필요한 조치를 취하여야 한다.

② 내부심사

조직은 ISO 45001 표준 요구사항 및 조직 자체의 안전보건경영시스템이 적합하고 효과적으로 실행 및 유지되고 있는 것을 확인하기 위해 정기적으로 내부심사를 수행하여야 하며, 내부심사 실시 절차와 방법 등에 대해 심사프로그램을 수립하여 실효성 있는 내부심사를 실시하여야 한다.

③ 경영 검토

조직은 안전보건경영시스템이 적절성, 충족성, 효과성이 있다는 것을 확실하게 보장하기 위해 최고경영자가 참여하여 경영검토를 실행하여야 한다.

7. 개선

조직은 안전보건경영시스템의 의도한 결과를 달성하는 데 필요한 조치를 실행하여야 하며, 개선 조치를 취할 때 안전보건 성과의 분석 및 평가, 준수평가, 내부심사 및 경영검토 결과를 고려하여야 한다. 또한 조직은 사건이나 부적합을 결정하여 관리하기 위한 프로세스를 구축 및 운용하여 사건이나 부적합이 발생하는 경우 근본 원인을 발굴하고, 해당 원인을 제거하여 재발하지 않게 하여야 한다.

조직은 안전보건경영시스템의 적절성, 충족성, 효과성을 지속적으로 개선하여 안전보건을 확보할 수 있도록 활동하여야 한다.

03 ISO 45001/KOSHA MS(안전보건경영시스템) 운영실태

국내에서는 공기관인 안전보건공단(KOSHA)과 민간 인증기관에서 인증업무를 수행하고 있는데, 안전보건이 기업경영에 접목된 안전보건경영시스템을 보급하기 위하여 자율신청을 받아 평가, 안전보건경영체제 및 활동이 일정수준 이상인 사업자에 대하여 인증서를 수여함으로써 자율안전보건활동을 촉진하여 재해예방에 기여하고 있다.

안전보건공단의 안전보건경영시스템(KOSHA MS) 인증절차는 〈그림 2.4〉와 같다.

2022년 1월 27일부터 50인 이상 사업장에 대한 '중대재해처벌에 관한 법률

그림 2.4 안전보건공단의 인증절차
출처:한국산업안전보건공단(http://www.kosha.or.kr)

(약칭: 중처법)'이 시행되면서 각 사업장에서 법에서 요구하고 있는 안전보건체계 구축을 위해서 안전보건경영시스템 인증에 대한 수요가 급증하고 있다. 특히 '24년 1월 27일부터 중처법 적용 대상이 5인 이상 사업장으로 확대되면서, 정부에서는 안전보건 개선 역량 부족 및 재정적 한계로 인해 안전보건관리체계 구축·이행에 어려움을 겪는 소규모 사업장을 대상으로 위험성평가 중심의 안전보건관리체계 구축 컨설팅을 지원하고 있다.

위험성평가 중심의 「자기규율 예방체계」 확립 컨설팅사업의 내용은 아래와 같다.

- 중소규모 사업장의 유해·위험요인 파악 및 개선대책 등을 중심으로 「안전보건관리체계구축 핵심 7가지 요소」 컨설팅
- **안전보건관리체계 구축 핵심 7가지 요소**: ① 경영자리더십 ② 근로자 참여 ③ 위험요인 파악 ④ 위험요인 제거·대체 및 통제 ⑤ 비상조치 ⑥ 도급관리 ⑦ 전사적 안전보건 평가 및 개선
- 사망사고 고위험요인 평가 정보자료 등을 활용하여 사업장의 근원적인 위험요인을 근로자와 함께 찾아가는 컨설팅 중점 실시

특히, 50인 미만 제조업 사업장을 대상으로 컨설팅 기관에 위탁하여 컨설팅을 수행하고 있는데, 사업대상과 위탁사업 수행절차 및 컨설팅 회차별 기술지원 내용은 아래와 같다(출처: 한국산업안전보건공단[http://www.kosha.or.kr]).

- **사업대상**: 상시근로자 수 5~49인 중심의 제조업 등 사업장(건설업 제외)
  ※ 상시근로자 수가 50인 이상~299인 이하 사업장 신청 가능 ① 자율신청사업장(건설업 제외), ② 빅데이터(공단) 및 경험 기반(고용부) 고위험

사업장(이하 "고위험사업장"), 사고사망 등 지역별 산업재해 발생 특성을 고려한 산재취약 사업장 중심

컨설팅 위탁사업 절차는 〈그림 2.5〉와 같으며, 컨설팅 단계(회차)별 기술지원 내용은 〈표 2.4〉와 같다.

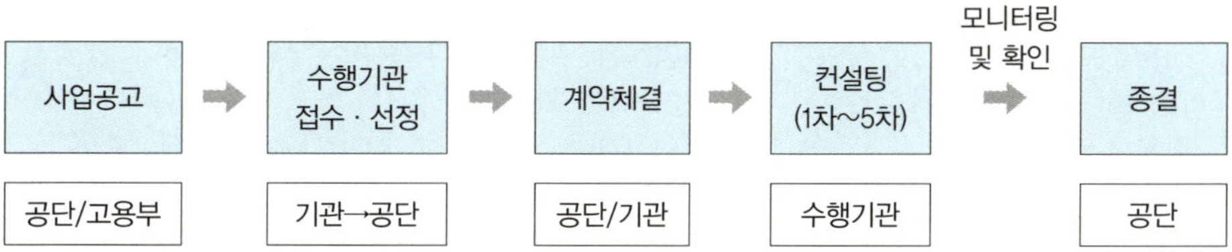

그림 2.5 컨설팅 위탁사업 절차
출처 : 한국산업안전보건공단(http://www.kosha.or.kr)

표 2.4 컨설팅 단계(회차)별 기술지원 내용

단계 (회차)	컨설팅 핵심사항	컨설팅 세부내용	수행방식
1회차	• 사업안내 • 위험성평가 (수준진단) • 위험성평가 사전준비 • 근로자 참여 • 경영자리더십	• 컨설팅 사업 및 절차 안내 • 안전보건관리체계 안내 • 사업장 기본정보 파악 • 위험성평가 운영수준 현황 파악 • 위험성평가 사전준비 사항 확인 – 위험설비 보유현황, 화학물질 취급현황, 위험성평가 실시 규정, 산업재해 및 아차사고 현황 파악 등 • 안전보건방침, 안전보건목표 및 세부추진계획 등 확인 • 경영층(CEO) 면담(1~3회차 중 1회, 5회차 1회 필수) • 근로자 참여 현황 파악	2인 1조 (1회차 ~ 2회차)

2회차	• 위험성평가(시범시행) – 유해·위험요인 파악 – 유해·위험요인 제거·대체·통제 – 결과 공유 • 근로자참여 • 경영자리더십	• 컨설턴트 주관 일부 공정 위험성평가 단계별 시범실시 – 위험공정, 위험설비, 위험작업, 유해인자 등 유해·위험요인 파악 – 위험성결정, 위험요인별 제거·대체 및 통제 등 개선대책 마련	
3회차	• 위험성평가 (사업장 직접 시행) – 유해·위험요인 파악 – 유해·위험요인 제거·대체 및 통제 – 결과 공유 • 근로자참여 • 경영자리더십	• 경영진 및 근로자 주관 위험성평가 실시 참관 및 지원 –위험공정, 위험설비, 위험작업, 유해인자 등 유해·위험 요인 파악 –위험성결정, 위험요인별 제거·대체 및 통제 개선대책 마련 –위험성평가, 결과 주지·교육(경영층, 근로자 참여)(3~4회차 중 1회 필수) • 위험성평가 개선대책 이행상황 점검	
4회차	• 안전보건관리체계 구축 요소 • 위험성평가 개선대책 이행점검	• 위험성 평가 결과 안전보건방침, 안전보건목표 및 세부추진계획 적정성 확인 • 안전보건관리체계 구축 요소 점검 –비상조치, 도급관리, 안전보건 평가 및 개선 • 위험성평가 개선대책 이행 상황 점검	1인 수행 가능
5회차	• 경영자리더십 • 종합강평	• 컨설팅 사항 종합 강평 실시 위험성평가 및 안전보건관리체계 구축 핵심 요소에 대한 지속적 개선방안 제시 • 경영층(CEO) 면담을 통한 안전보건관리체계 구축 이행의지 확인	

출처: 한국산업안전보건공단(http://www.kosha.or.kr)

ISO 45001:2018과 KOSHA-MS 비교

ISO 45001:2018은 2018년 3월 12일 국제표준화기구에서 제정한 안전보건경영시스템의 국제규격이다. ISO 45001:2018 규격은 ISO의 상위 레벨구조(HLS)를 적용하고, ISO 9001:2015 품질경영시스템, ISO 14001:2015 환경경영시스템과 같은 요구조항 구조의 형태로 제정되었다.

이 구조는 리더십과 근로자 참여를 개념에 기반을 두고 P(기획) → D(지원 및 운용) → C(성과평가) → A(개선) 구조로 조직과 조직상황의 이해, 근로자 및 기타 이해관계자 니즈와 기대 이해를 포함하여 안전보건경영시스템의 의도된 결과를 달성하기 위한 구조의 틀(frame work)을 갖추고 있다. 그리고 KOSHA-MS는 국제표준화기구에서 ISO 45001:2018이 제정된 후 안전보건공단에서 보유하고 있는 KOSHA 18001 규격을 ISO 45001:2018 안전보건경영시스템을 기반으로 제정된 규격으로 ISO 45001:2018과 동일하게 HLS 구조를 적용하고 있으며, 2019년 7월 1일 제정되었다.

ISO 45001:2018과 KOSHA-MS의 다른 점을 살펴보면 다음과 같다.[3]

첫째, ISO 45001:2018은 한국인정지원센터(KAB)의 인정기관에 등록된 국내인증기관 또는 ISO 45001 인증심사가 가능한 다국적 인증기관에서 인증심사를 통해 인증서를 수여하는 데 반하여, KOSHA-MS는 안전보건공단에서만 인증심사를 통해 인증서를 수여한다.

둘째, ISO 45001은 건설업과 건설업 이외의 업종을 나누지 않고 인증심사 업무를 하는 데 비해, KOSHA-MS는 제조업 및 종합건설업과 전문건설업 인증기준 A형(50인 이상)(가. 안전보건체제, 나. 안전보건활동, 다. 안전보건경영관계자 면담)과 인증기준 B형(50인 미만)(가. 안전보건체제, 나. 안전보건활동, 다. 안전

3 이승복, 〈ISO 45001 국제표준 제정에 따른 안전보건경영시스템 구축 활성화 연구〉, 명지대학교 대학원 박사학위 논문, 2020년 8월

보건경영관계자 면담), 인증기준 C형(20인 미만)(가. 안전보건체제, 나. 안전보건활동, 다. 안전보건 경영관계자 면담)으로 각각 다른 인증기준을 적용하고 있다.

셋째, ISO 45001:2018 안전보건경영시스템은 인증심사원 연수기관에서 교육이수 후 인증심사원 자격을 갖추고 한국심사자격인증원(KAR)과 국내외 인증기관에 등록된 심사원에 의해 심사가 시행되고, KOSHA-MS는 한국산업안전보건공단에서 KOSHA-MS 심사원 양성과정에서 34시간 이수하고 자격요건을 갖춘 인증심사원에 의해 심사가 시행된다는 것이 다른 점이다. 또한 ISO 45001과 KOSHA-MS의 심사원은 심사자격 시험에 합격한 후 ISO 45001은 심사원 보조자로 훈련을 받아야 하는데, 심사를 20M/D 하여야 하고, KOSHA-MS 심사원의 경우는 건설업 외의 업종의 경우 심사팀의 보조자로 최소 4회 이상(일 6시간 이상, 심사 참가일 누계 10일 이상으로서 인증심사 최소 1회 이상 포함)의 참여실적이 있어야 한다.

넷째, ISO 45001은 1단계 문서심사와 2단계 현장심사로 나누어 시행하고 심사일수는 조직의 인원수로 결정된다. KOSHA-MS는 건설업의 경우 전체 근로자(본사, 파견근로자)와 보유 현장수를 고려하여 심사일수가 결정되고 실태심사와 인증심사로 결정하는데 공정안전 보고서 P등급 사업장이 인증신청 하는 경우 실태심사를 면제받을 수 있다.

다섯째, ISO 45001은 인증 신청조직에 대하여 지리적, 지역적 특성을 제한하지 않고 인증기관 자체에서 인증심사가 운영되고 있으나, KOSHA-MS는 안전보건공단의 6개 광역본부에 속한 관할 지역에 위치한 인증 신청조직에 대하여 심사를 하는 차이가 있으며, 특히 건설업종은 서울지역본부에서만 시행하고 있다.

여섯째, ISO 45001의 경우 인증범위를 산업분류코드를 기준으로 정하고 있는 반면 KOSHA-MS는 단위사업장별(본사, 보유현장)로 적용하여 인증의 범위를 결정하고 있다. 이에 따라 ISO 45001의 경우 본사와 사업소중의 일부를 선택하여 1건의 인증심사로 수행하는 반면에 KOSHA MS의 경우는 본사와 사업소 전부를 각각 인증심사를 수행하고 있다.

일곱째, 인증심사비의 산정기준을 비교하면 ISO 45001의 경우 인증조직의 규모나 총 근로자 수를 적용하여 인증기관별로 1M/D당 심사비용이 다르게 결정되는데, KOSHA-MS의 경우는 안전보건공단의 안전보건경영시스템(KOSHA-MS) 인증업무처리 규칙에 따라 1M/D당 동일한 심사비용을 적용하고 있다.

여덟째, ISO 45001의 인증기준은 ISO 45001:2018 안전보건경영시스템 요구사항 및 사용지침에 따르나 KOSHA-MS의 경우는 전체 업종과 건설업의 인증기준을 별도로 적용하고 있다. 또한 건설업의 경우에는 발주기관, 종합건설업체 및 전문건설업체로 세분하고, 사업장 근로자 수를 기준으로 하여 인증기준 A형은 상시근로자 50인 이상 사업장, 인증기준 B형은 상시근로자 20인 이상 50인 미만 사업장, 인증기준 C형은 상시근로자 20인 미만 소규모 사업장에 적용하고 있다.

이 밖에 ISO 45001의 요구사항과 KOSHA-MS의 요구사항을 비교하면 〈표 2.5〉와 같다. 즉, 안전보건 체제 분야는 항목별로 차이가 없으나, 세부적인 내용을 살펴보면 용어에서 다소 차이가 있음을 알 수 있다. 다만, KOSHA-MS는 (나. 안전보건 활동분야의 1항~14항), (다. 안전보건 경영관계자 면담분야의 1~6항의 인증기준)이 있는 것을 볼 수 있다.

이 외에 안전보건경영시스템을 효율적으로 운영하기 위해서는 다음과 같은 안전보건활동과 관련하여 해당 사항에 대한 운영절차를 수립하고 이행하여야 한다.

① 산업안전보건위원회 운영

② 안전작업허가

③ 안전보건물질자료(MSDS) 관리

④ 작업내용 변경에 따른 유해위험예방조치

⑤ 건설안전관리비 계상 및 사용기준

⑥ 직무스트레스 예방 프로그램

⑦ 건강증진 프로그램

⑧ 교대근무자 보건관리

⑨ 고객응대업무 종사자 건강보호 지침

⑩ 기타 안전보건에 관한 필요한 기준

한편 ISO 표준을 공통으로 적용하는 2개의 인증시스템도 2024년 2월부터 기후변화대응 관련 ISO 공신 통신문(ISO 런던선언)에 따라 심사 시 추가 확인 사항을 반영하여야 한다.

① 4.1항: 조직과 조직상황의 이해

- 조직이 조직상황과 관련된 이슈의 파악 시, 기후변화를 고려하였는지 확인

② 4.2항: 이해관계자의 니즈 및 기대

- 이해관계자의 요구사항 중 기후변화와 관련된 요구사항이 파악되었는지 확인
- 기후변화와 관련된 이해관계자의 요구가 있을 경우, 이에 대한 조치로 연계되었는지 확인

③ 해당되는 경우, 조직의 목표나 방침 등에 기후변화에 대한 고려가 반영되었는지 확인

④ 조직이 ①~③에 대한 고려 및 반영을 하지 않았을 경우, 부적합 발행

표 2.5 ISO 45001 : 2018과 KOSHA-MS 비교

ISO 45001:2018	KOSHA-MS (A형)
–	가. 안전보건 경영체제 분야
4. 조직상황	4. 조직상황
5. 리더십과 근로자 참여 5.1 리더십과 의지표명 5.2 안전보건방침 5.3 조직의 역할, 책임 및 권한 5.4 근로자의 참여 및 협의	5. 리더십과 근로자 참여 5.1 리더십과 의지표명 5.2 안전보건방침 5.3 조직의 역할, 책임 및 권한 5.4 근로자의 참여 및 협의
6. 기획 6.1.2 위험요인 파악 및 리스크와 기회의 평가 6.1.3 법적 요구사항 및 기타요구 사항의 결정 6.2 안전보건 목표와 목표달성 기획	6. 계획수립 6.1 위험성평가 6.2 법규 및 그 밖의 요구사항검토 6.3 안전보건목표 6.4 안전보건목표 추진계획
7. 자원 7.1 자원 7.2 역량/적격성 7.3 인식 7.4 의사소통 7.5 문서화된 정보	7. 자원 7.1 자원 7.2 역량/적격성 7.3 인식 7.4 의사소통 및 정보제공 7.5 문서화 7.6 문서관리 7.7 기록
8. 운용 8.1 운영기획 및 관리 8.2 비상시 대비 및 대응	8. 실행 8.1 운영기획 및 관리 8.2 비상시 대비 및 대응

9. 성과평가 9.1 모니터링, 측정, 분석 및 성과평가 9.2 내부심사 9.3 경영자 검토	9. 성과평가 9.1 모니터링, 측정, 분석 및 성과평가 9.2 내부심사 9.3 경영자 검토
10. 개선 10.1 일반사항 10.2 사건, 부적합사항 및 시정조치 10.3 지속적 개선	10. 개선 10.1 일반사항 10.2 사건, 부적합사항 및 시정조치 10.3 지속적 개선
-	나. 안전보건 활동분야
-	1. 작업장의 안전조치 2. 중량물 운반기계에 대한 안전조치 3. 개인보호구 지급 및 관리 4. 위험기계·기구에 대한 방호조치 5. 떨어짐·무너짐에 의한 위험방지 6. 안전인증, 안전검사 및 자율안전확인신고 실시 7. 폭발·화재 및 위험물 누출예방 활동 8. 전기재해 예방활동 9. 쾌적한 작업환경 유지 활동 10. 근로자 건강장해 예방활동 11. 도급인의 안전보건 조치에 대한 활동 12. 안전·보건 관계자 역할과 활동 13. 산업재해조사 활동 14. 비일상적인 재해예방 활동 15. 작업전 안전회의(TBM), 안전제안활동
-	다. 안전보건 경영관계자 면담분야
-	1. 경영자가 알아야 할 사항 2. 중간관리자가 알아야 할 사항 3. 현장관리자가 알아야 할 사항 4. 현장근로자가 알아야 할 사항 5. 안전 · 보건관리자, 담당자, 조정자가 알아야 할 사항 6. 협력업체 관계자가 알아야 할 사항

04 ISO 22301(비즈니스연속성경영시스템) 운영실태

ISO 22301 개요

1. ISO 22301 도입 배경

ISO 22301은 비즈니스연속성경영시스템을 위한 국제 표준으로, 조직이 사고로 인한 업무 중단 시 피해를 최소화하고 신속하게 정상화하여 핵심 업무를 유지할 수 있도록 요구하는 기준이다. 이는 통합적인 위기 대응 체계를 실행하여 제품 및 서비스를 안정적으로 제공하고 기업의 신뢰도를 높이며 경쟁력을 향상시키는 데에 초점을 둔 인증제도이다. 러시아 핵잠수함 쿠르스크호의 침몰(2000년 8월 12일), 미국 9.11 테러(2001년), 인도네시아 쓰나미(2004년), 그리고 허리케인 카트리나(2005년) 등의 재난 사례들로 인해 이러한 비즈니스연속성 관리의 필요성이 더욱 강조되었다.

ISO/TC223(사회안전위원회)을 중심으로 열린 2006년 제1차 스웨덴 정기총회를 시작으로 국제표준화 작업이 추진되었다. 이 위원회는 지속적인 대형 재난에 대비하기 위한 국제적인 표준을 제정하기 위해 설립된 국제표준화기구의 주요 기술위원회이다. ISO 22301은 최초로 개발된 이후 2019년에 ISO 22301:2019로 개정되었다. 이 표준은 조직의 형태, 규모, 성격과 상관없이 모든 조직이 일반적으로 적용할 수 있는 내용을 담고 있어 비즈니스연속성경영시스템(BCMS, Business Continuity Management System)을 구축하는 데 필수적이고 핵심적인 지침을 제공한다. 〈표 2.6〉은 BCMS 발전사를 정리한 표이다.

2006년 10월, 금융감독원이 '영업연속성계획모범규준(안)'을 제정하여 한국의 금융 기관들에게 BCMS 구축을 의무화하였다. 이와 함께 2007년 7월에는 '기업재해경감법'이 제정되었는데, 이는 기업의 핵심 활동이 재난 발생 시 중단되지 않도록 지원하고 국가의 재난 관리 역량을 향상시키는 데 목적을 둔다. 그 이후 2012년, 국제표준화기구(ISO)가 비즈니스연속성경영(BCM) 분야의 국제표준으로 ISO 22301을 발표함으로써 대기업과 공공부문에서의

표 2.6 BCMS 발전사

No.	발행년도	표준번호	규격명
1	2003	PAS 56	영국 BSI에 의해 출간된 BCM에 대한 포괄적이고 구체화된 최초의 표준
2	2007	NFPA 1600	미국 소방협회에서 제정한 재해/긴급상황 관리 및 비즈니즈 연속성 프로그램
3	2007	BS 25999-2	영국 BSI에서 제정한 BCM-요구사항 (2012년 폐지/ISO 22301로 대체)
4	2012	ISO 22301	사회안전-비즈니스연속성경영시스템(BCM)-요구사항
5	2012	ISO 22313	ISO 22301을 지원하기 위한 가이던스
6	2019	ISO 22301 개정	ISO 22301:2019를 PDCA 사이클 모델로 개발

BCM 도입과 ISO 22301 인증 활동이 촉진되었다. 이어서 2016년에는 국내 완성차 대기업이 협력업체를 대상으로 BCM 인증을 요구함에 따라 국내 자동차 부품 제조업체들도 인증평가 및 취득 활동을 시작하게 되었다(A Study on the Development of Evaluation Indicators in the Business Continuity Management System–Focusing on the 'Leadership' in the Plan of the ISO 22301, 정용균).

〈그림 2.6〉는 1970년 이후 국내·외 BCMS 관련 연대표이다.

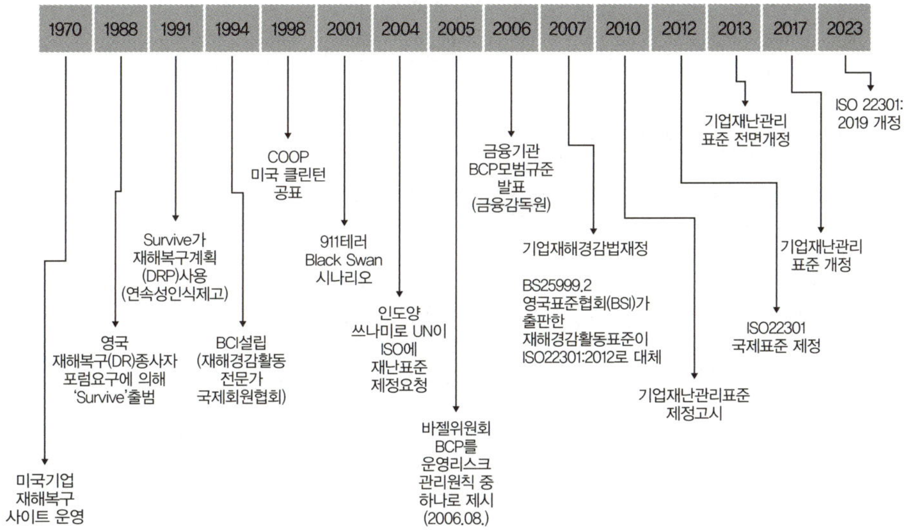

그림 2.6 BCMS 관련 연대표

출처: 김상덕(2022)

〈표 2.7〉은 ISO 22301 관련 표준을 정리한 표이다.

표 2.7 ISO 22301 관련 표준

No.	표준번호	규격 명
1	ISO 22300	사회안전 - 용어
2	ISO 22301	BCMS – 요구사항
3	ISO 22313	BCMS – 가이던스
4	ISO 22317	BCMS - 비즈니스영향분석(BIA) 가이드라인
5	ISO 22320	비상 경영 – 요구사항
6	ISO 22398	훈련(연습)과 시험 - 가이드라인
7	ISO 31000	리스크관리(RM) - 원칙 및 가이드라인

2. ISO 22301 표준의 목적

ISO 22301은 비즈니스연속성경영시스템으로, 시장의 위험뿐만 아니라 재난, 자연재해, 질병 등 중단적 사고가 발생했을 때 조직이 이에 대한 방어, 발생 가능성의 감축, 대비, 대응 및 복구를 위해 문서화된 경영시스템을 수립하고, 이를 실행, 운영, 모니터링하며 지속적인 개선 활동을 수행하기 위한 요구사항을 명시하고 있다.

ISO 22301은 모든 산업 분야 및 활동에 적용 가능하며, 조직이 다양한 위협에 대한 영향을 파악하고, 효과적인 대응 및 회복 능력을 갖추는 프레임워크를 제공한다. 이 표준은 비즈니스연속성을 유지하고 영업 중단 이후에도 비즈니스 운영을 지속할 수 있도록 지침을 제공하며, 중단 시 제품 및 서비스를 신속히 제공하고 복구함으로써 제품과 서비스에 미치는 영향을 최소화할 수 있도록 보장한다.

또한, ISO 22301은 ISO 9001(품질경영시스템), ISO 14001(환경경영시스템), ISO/IEC 27001(정보보안경영시스템), ISO/IEC 20000-1(정보기술-서비스관리), 그리고 ISO 28000(공급사슬보안경영시스템)과 같은 다른 경영시스템 표준과의 호환성을 갖추어 연관성 있는 경영시스템을 일관성 있고 통합된 실행 및 운영을 지원한다.

3. ISO 22301 구축의 필요성

세계적으로는 지난 수십 년간 지진, 태풍 등의 자연재난과 테러, 그리고 코로나와 같은 사회적 재난이 빈번히 발생하면서 피해가 증가하는 추세이다. 이로 인해 현대 사회에서는 재난 발생 빈도가 증가하고 피해가 대규모화되며, 이에 따른 사회 및 경제적 비용이 상당히 증가하고 있다. 이러한 상황에서 기업들은 비즈니스연속성을 보장하는 것이 매우 중요한 과제로 부상하고 있다. 기업은 재난 및 사고로 인한 영향으로 치명적인 손해를 입을 수도 있지만, 평소에 비즈니스연속성경영시스템을 갖추고 이를 운영하며 지속적인 개선을 추진하는 기업은 급박한 위기 상황에서도 빠른 업무 복구로 위기를 기회로 변화시키는 데에 성공할 수 있다. 그러나 비즈니스연속성경영시스템을 구축하지 않거나 미흡하게 구축한 기업은 비즈니스 중단 사고로 인해 지속 가능한 경영이 심각한 위기에 직면할 수 있다.

2000년 미국 뉴멕시코주에서 발생한 낙뢰 사고는 필립스 공장에 심각한 화재를 일으켰으며, 이로 인해 에릭슨과 노키아에 반도체 부품 공급이 6주 동안 중단되었다. 이 사건을 계기로 노키아는 즉각적인 위기 대응 조치를 통해 필립스에 대한 부품 의존도를 낮추고 다른 공급망을 확보하여 생산 차질을 최소화했다. 그 결과, 영업이익은 42% 상승하고 시장 점유율도 3% 증가했다. 그러나 에릭슨은 필립스가 부품 생산을 곧 재개할 것이라는 잘못된 믿음과 기존 부품 재고로 인해 위기 대응 조치를 취하지 않았다. 이로 인해 23억 달러 이상의 손실을 입고 시장 점유율이 3% 감소하여 결국 전 세계 휴대전화 시장에서 철수하게 되었다(Tokyo Chamber of Commerce, 2013:18-27).

2001년 뉴욕에서 발생한 9.11 테러는 2,763명의 사망과 약 340억 달러의 경제적 손실을 야기했으며, 세계무역센터를 대상으로 한 공격으로 인해 입주 기업들의 대부분이 업무를 중단했다. 그러나 모건 스탠리는 사건 다음 날부터 업무를 정상적으로 재개했으며, 뉴욕 선물거래소, 아메리카 은행, 메릴린치 등의 금융기업들도 신속하게 업무를 재개하여 손실을 최소화했다(New York Office, 2002:8-27).

2022년 SK C&C 판교 데이터센터 화재로 카카오의 서비스를 비롯한 해당 IDC에 입주한 모든 서비스들이 다운되었다. 이 사고로 카카오톡 비즈 채널, 카카오 T 등 서비스가 중단되어 카카오 계열사 주가는 6% 이상 폭락하여 하루 동안 시가 총액이 약 2조 원 넘게 증발하고, 손해배상 청구 소송, 이용자 이탈 등 손실이 발생하였다(나무위키, SK C&C 판교 데이터센터 화재로 인한 인터넷 서비스 장애 사건, 2024. 02. 25).

2019년 12월 중국 우한에서 시작된 코로나19(COVID-19)는 사스, 메르스보다 치사율은 높지 않으나, 기업을 도산에 이르게 하는 치명적인 위험 요인이 되었다. 코로나19와 같이 예측하지 못한 사스(SARS, 2002년), 신종플루(2009년), 에볼라(2014년), 메르스(MERS, 2015년) 등은 블랙스완으로 설명되는 잉코니투스 재난이다. 이러한 재난과 더불어 복합재난이 발생할 경우 예측할 수 없는 혼란으로 인하여 재난관리시스템의 작동성이 마비되어 경제 및 사회적 충격이 매우 크게 발생하여 기업의 비즈니스연속성 측면의 중요성이 부각되었다(이선원 외, ISO 22301과 ISMS 인증 요구사항이 기업성과에 미치는 영향).

초고층 빌딩의 증가로 인해 시설 안전성 확보에 대한 필요성과 관심이 더욱 높아졌다. 현은미(2019)와 박준석(2023)에 따르면, 초고층 빌딩은 자재, 구조, 규모, 용도 등의 다양한 특성으로 인해 재난으로부터 취약하며, 이에 대한 체계적인 시설 관리가 절실히 요구된다. 초고층 빌딩은 건물 내부의 온도와 공기 밀도 차이로 인해 화재 연기가 상층으로 신속하게 확산하는 연돌효과와 함께 가연성 외장재와 높은 에너지 사용량으로 인한 화재 부담, 그리고 수직 피난의 한계성과 같은 다양한 취약성을 갖추고 있다. 더불어, 소방대원의 실내 진압에 제약이 있고, 불특정 다수의 운집으로 인한 재실자 통제의 어려움 등도 초고층 빌딩의 재난 관리에 대한 중요한 과제로 대두되고 있다. 그러므로 시설의 규모에 따라 재난 발생 시 관제 범위도 매우 넓어지기 때문에 인력에 의한 관리의 한계가 있어 BCMS(Business Continuity Management System)의 적용이 필요하다(이재후, AHP를 활용한 BCMS 위험성평가 요인에 대한 우선순위 및 중요도 평가).

현대 사회는 빅데이터, 사물인터넷, 인공지능 등의 정보기술 발전으로 더욱 중요한 정보시스템의 비즈니스연속성을 강조하고 있다. 이는 다양한 서비스, 데이터, 산업이 융합되는 4차 산업시대의 도래와 함께 더욱 뚜렷한 과제로 부각되고 있다. 현재 정보시스템의 운영 및 감리 지침은 기존의 범용적 패턴에 의존하고 있으나, 이를 개선하고 발전시킬 필요가 있다. 정해진 시간에 정해진 서비스를 제공하는 것이 기업 및 국가의 생존과 직결되며, 이는 비즈니스연속성 관리의 핵심 요소로 작용한다. 따라서 정보시스템의 서비스 중단으로 인한 피해를 최소화하고 안정된 서비스 수준을 제공하기 위해 BCMS를 필수적으로 적용해야 한다.

2021년 지구환경보고서는 "전 세계적으로 지구촌은 심각한 기후 문제, 코로나19와 같은 신종 재난 발생, 4차 산업발전에 따른 사이버보안과 IT 인프라 붕괴 등 중대한 위험에 노출되어 있다"라고 기술하고 있다. 기후 관련 세계기상기구(World Meteorological Organization, WMO)는 재난으로 인한 재산 피해가 심각하다고 언급하였으며, 2020년 3월 세계보건기구(WHO)는 코로나바이러스감염증-19(COVID-19)를 범지구적 유행병으로 판단하여 '국제적 공중보건 비상사태(PHEIC, Public Health Emergency of International Concern)'를 선포하면서 국제적 대응을 요청하였다. 팬데믹 상황에 직면하면서 강대국들을 중심으로 국가 보호정책이 강조되었다. 이는 국가 기능과 경제의 연속성을 우선 고려함으로써 국가의 안전성을 보장하기 위한 것이다. 이에 따라 국가핵심기반 보호가 정책의 중심에 놓여있는데, 우리나라도 재난 및 안전관리 기본법에 따라 11개 분야를 주관기관과 관리기관을 중심으로 지정 및 관리하고 있다. 또한 그 중요성이 매우 높기에 재난 및 안전관리 기본법 제25조의2(재난관리책임기관의 장의 재난예방조치 등)에 의거, 국가핵심기반으로 지정된 기관에 기능연속성계획 수립과 국가핵심기반보호계획을 수립하도록 의무화하고 있다. 일부 기관은 기능연속성계획 수립과 국가핵심기반 보호계획 수립 외에도 국제표준 ISO 22301(BCMS)에 의한 3자 인증과 기업재난관리표준에 따른 인증을 추가로 진행하고 있는데, 그만큼 국가핵심기반 보호가 중요하다고 인식하기 때문이다(송은정, 국가핵심기반보호에서 기능연속성을 위한 자원관리 모델 연구).

2020년에 납품 부족에 직면한 비즈니스 임원을 대상으로 한 설문 조사에 따르면 96%가 비즈니스연속성 계획의 한계를 원인으로 꼽았다(출처: NQA). 비즈니스 중단은 재정적 손실을 초래하고 평판을 손상시키며, 이 때문에 소중한 고객이 등을 돌릴 수 있다. 비즈니스 중단은 본질적으로 예상치 못한 사건이다. 강력한 비즈니스연속성경영시스템을 구축하지 못한 기업은 다양한 위기에 직면하게 될 것이며, 중단 기간이 길어질수록 매출 손실과 고객 불만이 더욱 심화될 것이다.

비즈니스연속성경영시스템을 구축함으로써 통합적인 위기 대응 체계를 강화하면 기업은 재해로 인한 업무 중단 기간에도 비즈니스 운영을 지속할 수 있

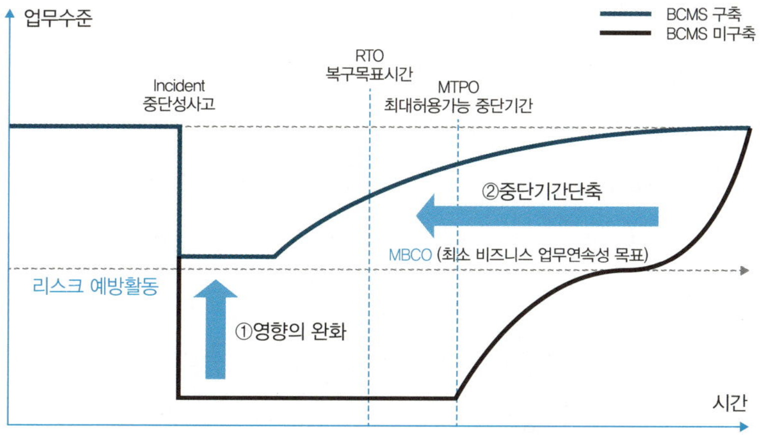

그림 2.7 비즈니스연속성

*BCMS: Business continuity management systems
*MTPD: Maximum Tolerable Period of Disruption
*MBCO: Minimum Business Continuity Objective
*RTO: Recovery Time Objective

는 능력을 갖출 수 있다. 현재와 미래의 리스크를 식별하고 관리하는 능력을 향상함으로써 비즈니스 중단의 영향과 빈도를 감소시키고 사고 대응 능력을 향상시키며, 복구비용을 절감하고 사전에 반복적인 비상 대응 훈련을 통해 비즈니스 중단 시간을 최소화하고 조직의 회복력을 향상시킬 수 있다. 실제로 시스템을 구축하지 않은 기업은 재해로 인한 업무 중단 시 평균적으로 복구 시간이 2.5배 이상 증가하는 것으로 나타났다.

〈그림 2.7〉은 갑작스러운 비즈니스 중단에 효과적인 비즈니스연속성 그림이다.

4. ISO 22301 관련 주요 법규

① 재난 및 안전관리기본법(2004년)

재난 및 안전관리기본법(법률 제7188호, 2004. 3. 11. 제정, 시행 2004. 6. 1.)은 2004년 3월 11일에 제정되었으며, 최근 개정(법률 제19838호, 2023. 12. 26., 개정, 시행 2024. 3. 27.)은 2023년 12월 26일에 있었다.

재난으로부터 국토를 보존하고 국민의 생명, 신체, 및 재산을 보호하기 위해 국가 및 지방자치단체의 재난 및 안전관리 체제를 확립하는 법률은 재난의 예방, 대비, 대응, 복구, 그리고 안전문화 활동에 필요한 사항을 규정한다. 이 법률은 자연적 재해 외에도 선박이나 다른 교통수단의 안전관리에 관한 사항들을 포함하고 있다. 10장으로 나누어진 전문 82조와 부칙으로 구성되어 있다. 소관기관은 행정안전부, 하위법령으로 시행령, 시행규칙이 있다.

성수대교 붕괴

삼풍백화점 붕괴

세월호 침몰

그림 2.8 기억에 남는 사회재난 사례
출처: 서울특별시 소방재난본부

② 초고층 및 지하연계 복합건축물 재난관리에 관한 특별법(2011년)

우리나라 최초 초고층 및 지하연계 복합건축물 재난관리에 관한 특별법(법률 제10444호, 2011. 3. 8., 제정, 시행 2012. 3. 9.)은 2011년 3월 8일에 제정되었으며, 최근 개정(법률 제18523호, 2021. 11. 30., 개정, 시행 2022. 12. 1.)은 2021년 3월 31일에 있었다.

초고층 및 지하연계 복합건축물과 그 주변 지역의 재난관리를 위하여 재난의 예방·대비·대응 및 지원 등에 필요한 사항을 정하여 재난관리체계를 확립

함으로써 국민의 생명, 신체, 재산을 보호하고 공공의 안전에 이바지함을 목적으로 하는 법이며, 5장으로 나누어진 전문 35조와 부칙으로 구성되어 있다. 소관기관은 소방청, 하위법령으로 시행령, 시행규칙이 있다.

③ 재해경감을 위한 기업의 자율활동 지원에 관한 법률(2007년)

재해경감을 위한 기업의 자율활동 지원에 관한 법률(법률 제8530호, 2007. 7. 19., 제정, 시행 2008. 1. 20.)은 2007년 7월 19일에 제정되었으며, 최근 개정(법률 제17894호, 2021. 1. 12., 개정, 시행 2021. 1. 12.)은 2021년 1월 12일에 있었다.

이 법은 재난이 발생하는 경우 기업활동이 중단되지 아니하고 안정적으로 유지될 수 있도록 기업의 재해경감활동을 지원함으로써 국가의 재난관리 능력을 증진함을 목적으로 하며, 6장으로 나누어진 전문 37조와 부칙으로 구성되어 있다.

ISO 22301 요구사항

ISO 22301:2019 표준은 조직이 가진 BCMS를 실행, 유지 및 지속적으로 효과성을 개선하기 위하여 PDCA(Plan-Do-Check-Act) 모델을 적용하고 있다.

- Plan(계획수립)은 조직의 전반적인 정책 및 목표와 정렬성을 갖는 결과를 산출하기 위한 비즈니스연속성의 개선과 관련한 비즈니스연속성 정책, 목표, 세부목표, 통제, 프로세스 및 절차를 수립하는 것이다.
- Do(지원 및 운용)는 비즈니스연속성 정책, 통제, 프로세스 및 절차를 실행 및 운영하는 것이다.

- Check(성과평가)는 비즈니스연속성 정책 및 목표에 대한 성과를 모니터링 및 검토하고, 검토 결과를 경영자에게 보고하고, 시정 및 개선에 대한 결정과 권한을 부여하는 것이다.
- Act(개선)는 경영자 검토결과, BCMS 적용 범위, 비즈니스연속성 정책 및 목표의 재평가에 근거하여 시정조치를 통한 BCMS를 유지 및 개선하는 것이다.

〈그림 2.9〉는 이 표준에서의 PDCA 구성요소를 정리한 그림이다.

ISO 22301의 프레임 워크는 처음 세 절은 표준과 관련된 범위, 규범적 참조 및 용어 및 정의에 대한 내용이고, 나머지 4절부터 10절까지 일곱 조항은 효과적인 비즈니스연속성경영시스템의 필수 요소를 나열하고 ISO 22301을 구현하는 방법을 간략하게 설명한다.

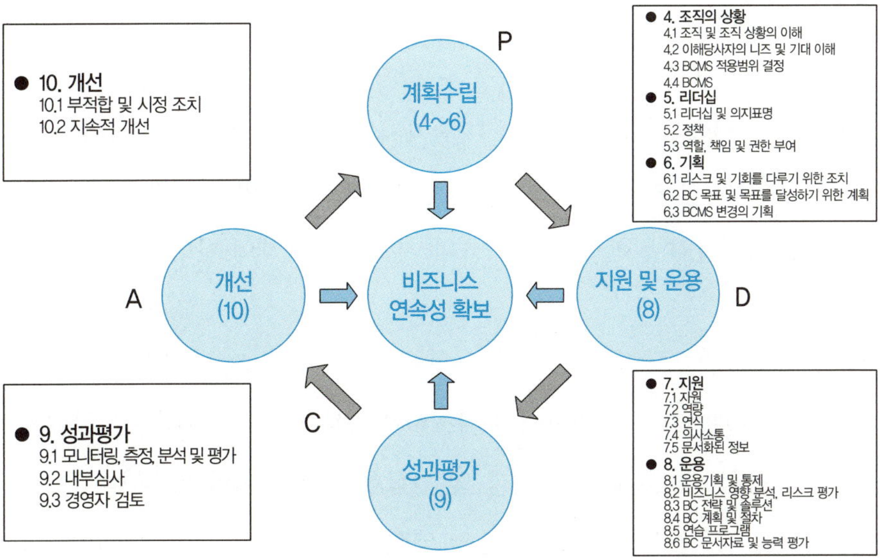

그림 2.9 BCMS 프로세스에 적용된 PDCA 모델

① 조직상황(조항 4)

비즈니스연속성경영시스템을 구현하려면 먼저 비즈니스 자체를 이해해야 한다. 조직적으로서 내부 및 외부 요구 사항을 평가하고 새 시스템의 범위를 고안해야 한다. 또한 비즈니스 리더는 규제 기관, 고객 및 직원과 같은 이해관계자가 부과한 요구사항을 따라야 한다.

② 리더십(조항 5)

비즈니스연속성경영시스템은 구현을 주도하기 위해 효과적인 리더십이 필요하다. 경영진의 약속에 순위를 둠으로써 비즈니스는 적절한 자원이 제공되고 정책이 개발되도록 할 수 있다. 비즈니스 리더는 또한 시스템을 구현하고 유지하기 위해 적절한 직원이 임명되었음을 알아야 한다.

③ 기획(조항 6)

새로운 시스템을 수립하는 것과 마찬가지로 적절한 계획이 핵심이다. 계획 프로세스의 일환으로 조직은 BCMS 구현의 위험을 식별해야 한다. 회사는 또한 성공을 측정하기 위한 명확한 목표와 기준을 설정해야 한다.

④ 지원(조항 7)

BCMS를 효과적으로 지원하려면 시스템을 개발 및 유지 관리하고 사고가 발생할 때 대응할 수 있는 지식, 기술 및 경험을 갖춘 직원이 필요하다. 모든 직원은 사고에 대응하는 데 있어 자신의 역할을 알고 있어야 한다. 기업의 14%만이 비즈니스연속성에 전념하는 팀을 보유하고 있다는 것을 고려할 때 이것은 매우 중요하다. BCMS 지원에는 고객에게 비즈니스연속성경영 문제를 알리는 것이 포함될 수 있다. 정상적인 통신 채널이 중단되면 대체 수단을 통해 지원되어야 한다.

⑤ 운용(조항 8)

조직은 요구사항 충족에 필요한 프로세스와 리스크와 기회를 다루는 조치에서 확인결정된 조치를 실행하는 데 필요한 프로세스를 계획, 실행하고 통제하여야 한다. 조직은 업무 영향을 분석하고 중단사고의 리스크를 평가하기 위한 체계적인 프로세스를 실행하고 유지해야 한다. 계획된 주기와 조직 내에서 또는 조직 운용의 맥락에서 중대한 변경이 있을 때 업무 영향분석과 리스크 평가를 검토하여야 한다. 운용은 짧고 신속하게 이해되는 비즈니스연속성 계획을 선호한다. 이러한 문서는 지정된 사고에 대한 빠른 응답을 가능하게 해야 한다. 일반적으로 많은 이벤트를 포괄하는 하나의 큰 계획보다 각 잠재적인 에피소드에 대한 전략을 수립하는 것이 좋다. 중단은 언제든지 발생할 수 있으므로 필요할 때 응답이 작동하는지 확인하는 것이 중요하다. 테스트는 비즈니스연속성 배열의 한 요소가 통과 또는 실패하는지 여부를 결정한다. 예를 들어 시설의 발전기를 켜서 테스트할 수 있다. 연습은 일반적으로 많은 테스트로 구성되며 사건과 대응에 대한 미묘한 시뮬레이션을 포함한다. 연습에는 종종 이벤트를 처리하는 방법에 대한 교육과 함께 해당 프로세스에 대한 테스트가 포함된다.

⑥ 성과 평가(조항 9)

모든 경영시스템과 마찬가지로 조직은 성과를 평가해야 한다. 조직은 설정된 매트릭스를 사용하여 시간 경과에 따른 성과를 측정할 수 있다. 조직은 또한 경영진이 결과를 검토하고 공개된 정보에 대해 행동하는 내부심사를 수행해야 한다.

⑦ 개선(조항 10)

평가와 함께 진행하면서 조직은 시스템을 개선해야 한다. ISO 22301은 처음부터 완벽한 배치가 없으며 인증의 일부로 개선이 필요하다는 것을 인식하고 있다. 또한 비즈니스 환경이 끊임없이 변화하는 동안 새로운 위협이 발생할 수 있다. 따라서 조직은 심사, 검토 및 연습 결과에 따라 시정 조치를 취해야 한다(NQA 2022. 9. 1.)

〈표 2.8〉은 PDCA 모델 단계별 ISO 22301의 조직상황(조항 4)에서 개선(조항 10)까지 요구사항 연관관계를 나타낸 표이다.

표 2.8 PDCA 모델 단계별 조항분류

PDCA	대분류	중분류	소분류
Plan (계획수립)	4. 조직상황	4.1 조직 및 조직의 상황 이해 4.2 이해당사자의 니즈 및 기대 이해 4.3 비즈니스연속성경영시스템의 적용 범위결정 4.4 비즈니스연속성경영시스템	4.2.1 일반사항 4.2.2 법률 및 규제 요구사항 4.3.1 일반사항 4.3.2 비즈니스연속성경영시스템의 적용 범위
	5. 리더십	5.1 리더십 및 의지표명 5.2 정책 5.3 역할, 책임 및 권한	5.2.1 비즈니스연속성 정책 수립 5.2.2 비즈니스연속성 정책 의사소통

	6. 기획	6.1 리스크 및 기회를 다루기 위한 조치 6.2 비즈니스연속성 목표 및 목표 달성을 위한 계획 6.3 비즈니스연속성경영시스템 변경의 기획	6.1.1 리스크 및 기회 결정 6.1.2 리스크 및 기회 대처 6.2.1 비즈니스연속성 목표 수립 6.2.2 비즈니스연속성 목표 결정
Do (지원 및 운용)	7. 지원	7.1 자원 7.2 역량 7.3 인식 7.4 의사소통 7.5 문서화된 정보	7.5.1 일반사항 7.5.2 생성 및 업데이트 7.5.3 문서화된 정보에 대한 통제
	8. 운용	8.1 운영 기획 및 통제 8.2 비즈니스 영향분석 및 리스크 평가 8.3 비즈니스연속성 전략 및 해결책 8.4 비즈니스연속성 계획 및 절차 8.5 연습 프로그램 8.6 비즈니스연속성 문서 자료 및 능력 평가	8.2.1 일반사항 8.2.2 비즈니스 영향분석 8.2.3 리스크 평가 8.3.1 일반사항 8.3.2 전략 및 솔루션 식별 8.3.3 전략 및 솔루션 선택 8.3.4 자원 요구사항 8.3.5 솔루션 실행 8.4.1 일반사항 8.4.2 대응 구조 8.4.3 경보 및 의사소통 8.4.4 비즈니스연속성계획 8.4.5 복구
Check (성과평가)	9. 성과평가	9.1 모니터링, 측정, 분석 및 평가 9.2 내부 심사 9.3 경영자 검토	9.2.1 일반사항 9.2.2 심사 프로그램 9.3.1 일반사항 9.3.2 경영자 검토 인풋 9.3.3 경영자 검토 아웃풋
Act (개선)	10. 개선	10.1 부적합 및 시정 조치 10.2 지속적 개선	

비즈니스 영향분석(Business Impact Analysis)

비즈니스 영향분석(BIA)은 시장의 위험뿐만 아니라 재난, 자연재해, 질병 등으로 주요 업무의 중단적 사고 발생 가능성과 그 중단적 사고로 인하여 미치는 영향 또는 손실 정도의 분석 단계이다. 중단적 사고 발생 시 수행해야 할 최소의 핵심업무에 대한 식별과 모든 핵심적 비즈니스 단위 프로세스를 부여하고 우선순위를 부여하며, 경쟁력 있는 조직으로 살아남기 위해 견딜 수 있는 최장시간(MTPD)의 산정 및 복구목표시간(RTO), 핵심 프로세스에 대한 복구 필요자원 산정(정보제공)으로 조직의 비즈니스연속성 전략 수립에 필수적인 요소다. BIA는 중단적 사고가 조직에 미치는 영향을 시간 경과에 따라 분석하는 프로세스다. 비즈니스 영향분석 및 중단적 사고 리스크 평가를 위한 체계적인 프로세스를 실행 및 유지해야 하며, 계획된 주기에 그리고 조직 내 또는 조직이 운영하는 상황에 중대한 변화가 있을 때 비즈니스 영향분석 및 리스크 평가를 검토한다. 조직은 비즈니스연속성 우선순위 및 요구사항을 설정하기 위하여 비즈니스 영향분석을 위한 프로세스를 이용하여야 한다.

비즈니스 영향분석의 주요 수행 내용으로 비즈니스연속성 계획(BCP, Business Continuity Plan) 대상 단위업무 및 업무분류 기준 정의, 정성적·정량적 영향분석(복구 우선순위 및 RTO 정의), 업무 연관성 및 전략적 고려 사항 반영(RTO 조정 및 확정), 복구 필요 인력 산정 및 복구 필요자원 산정이 있다.

〈표 2.9〉는 BIA 단계별 추진 내용(Sample)을 나타낸 표이다.

표 2.9 BIA 단계별 추진 내용

항목	목표	수행업무	산출물
1단계 대상 업무 선정	– BIA 대상 업무 선정	– 단위 업무 및 프로세스 파악 – BIA 대상 선정기준 정의 – BIA 대상 단위업무 정의	– BIA 대상 단위 업무 리스트
2단계 정량적 정성적 영향분석	– 분석자료에 근거한 RTO 산출 및 복구 우선순위 도출	– 업무 유형 및 영향 유형 정의 – 정성적/정량적 영향 평가 – RTO 기준시점 정의 – 1차 RTO 그룹 선정	– 복구 우선순위 및 RTO 그룹 선정 리스트
3단계 RTO 조정 및 확정	– 업무 특성 반영 RTO 조정 – 최종 RTO 산출	– RTO 조정(인터뷰) – MTPD, 업무 연관성, 수작업 수행, 동일업무 RTO 차이, 타사 사례 고려	– 최종 복구 우선순위 및 RTO 선정 리스트
4단계 복구 필요 자원조사	– 복구 필요자원 파악	– 인력 – 특수사무/전산기기 – 업무시스템 – 협력 외부기관/업체 정보 – 부서/팀장 승인	– 복구 필요자원 리스트
5단계 관리방안 수립	– 관리방안 수립	– 관리대상 정의 – 업무 시스템 – 관리 프로세스(정기/수시) 정의 – 관리 조직 및 역할 정의	– BIA 관리방안

〈표 2.10〉은 발전사 비즈니스 영향분석(BIA) 보고서의 업무 중요도에 따른 업무 구분 사례를 정리한 표이다.

표 2.10 BIA 보고서 업무 구분

구분	업무 구분
핵심업무 (2개)	ICT 총괄(전사 정보통신 네트워크 신증설, 통신망 관리), 정보보안(정보보안)
주요업무 (8개)	예산(국내 및 해외 자금조달), 홍보(대언론 홍보), ICT 총괄(정보시스템 개발, 운영 및 유지보수), 연료(발전연료 수급계획 및 재고관리, 발전연료 장단기 구매계약 및 사후관리), 발전계획(전력거래 입찰 및 계량관리), 발전운영 (발전 계획 및 운영분야 시스템 구축), 기후환경(발전소 환경관련 대관 및 민원)
일반업무 (16개)	예산(중장기 재무계획 및 예산 운영계획 수립, 재무위험 관리), 홍보(사회공헌 및 지역지원사업), 계약자재(발전소 공사, 용역 계약, 정비용 외자 구매 및 사후관리, 재고관리 및 자재 전산), 연료(발전연료 예산관리, 결산 및 재물조사), 정보보안(개인정보 및 기반시설 보호), 비상계획(일반보안), 재난관리(재난 대비 및 대응), 발전계획(발전계획 수립 및 실적관리), 발전운영(발전소 운영, 정비 및 설비의 개선계획 수립 시행, 설비 고장 조사, 보고 및 예방대책 수립), 기후환경(환경설비 및 화학설비 운영계획 수립)

출처: 신재민, 사업연속성 확보를 위한 언론 대응 위기관리 커뮤니케이션 전략고찰

리스크 평가(Risk Assessment)

리스크 평가(RA)는 조직의 우선순위가 부여된 활동 및 필요한 자원에 대한 중단성 리스크를 식별하고, 식별된 리스크를 분석 및 평가해야 하며, 모든 리스크의 처리가 BCP 목적 및 성향에 부합되는지 결정하는 BCP 전략 수립에 정보를 제공하는 중요한 요소이다. 리스크 평가 수행 절차의 리스크 평가 방법은 ISO 31000 프로세스(ISO 31000: Risk Management-Principles and guidelines)를 바탕으로 수행한다. 리스크 평가 수행 절차는 상황 수립, 리스크 평가(리스크 식별, 리스크 분석, 리스크 판정), 리스크 처리 단계 순서로 이루어진다.

상황 수립은 국내외 법제도, 표준문서, 기타 규정 등 재난, 위험 등과 관련 있는 모든 자료의 수집 및 조사를 통해 모든 위험요소에 대해 정의, 분류 및 목록화하는 단계이다. 리스크 식별은 위험 정의를 통해 목록화한 전체 위험요소 중 해당 조직에 피해를 발생시킬 수 있는 위험요소를 식별하여 위험평가 대상 위험을 도출하는 것으로 기존 위험관리 문서, 재해이력 카드 등 위험 관련 문서 분석과 담당자와의 인터뷰를 통해 조직의 비즈니스 프로세스를 중단시킬 수 있는 위험요소를 식별할 수 있다. 리스크 분석은 위험요소에 대한 발생 가능성과 피해 영향 정도를 측정하기 위한 것으로 분석기준과 분석항목에 대해 정의하고 설문 계획을 수립하여 설문을 실시하는 단계이다. 리스크 판정은 리스크 분석 설문 결과에 기초하여 발생 가능성과 피해 영향 정도 값을 도출하고

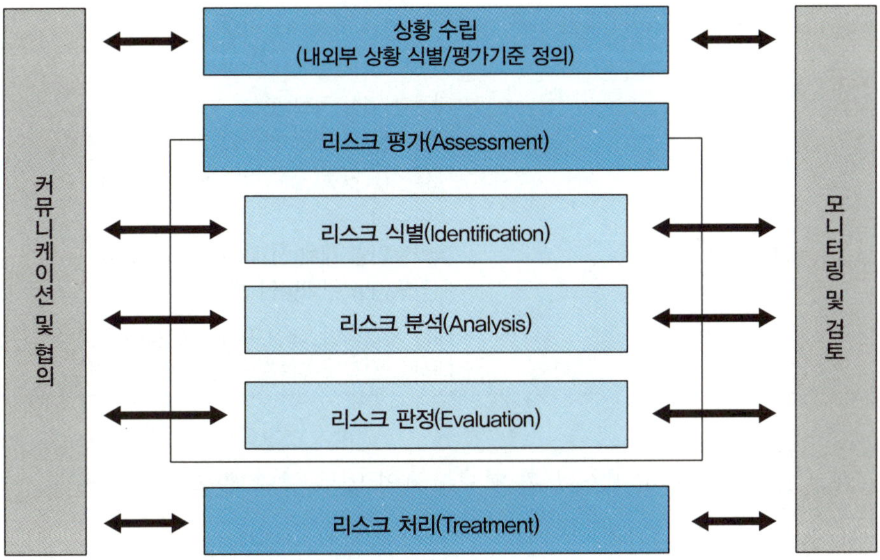

그림 2.10 리스크 평가 수행 절차

위험요소별 긴급도와 곱하여 위험요소에 대한 상대계수를 산정하고 이에 따라 위험순위를 도출하는 단계이다. 리스크 처리는 관리대상 위험요소에 대한 조치전략을 선택하고 이에 따라 조치계획을 수립하며, 관리대상 위험요소에 대한 위험 시나리오를 작성하는 단계이다.

〈그림 2.10〉은 리스크 평가 수행 절차를 정리한 그림이며, 〈표 2.11〉은 리스크 평가 수행 절차(금융기관)운영 사례를 정리한 표이다.

표 2.11 리스크 평가 수행 절차(금융기관)

No	수행 항목	수행 내용
1	취약요인 정의 및 재해 식별	– 대상사업장의 취약요인 정의 – 대상사업장 선정 – 대상 재해의 정의 및 선정
2	분석기준 마련 및 평가방법 선정	– 대상 재해 관련 사례 및 통계분석 – 대상 재해 분석기준 마련 – 위험평가 방법의 선정
3	현장 안전진단	– 대상 사업장 자료 분석 – 대상 재해별 현장 안전진단 – 대상 사업장 관리자 인터뷰 실시
4	취약요인 분석	– 취약요인 도출 – 취약요인별 재해 전개 시나리오 작성 – 취약요인별 완화방안 제시
5	위험등급 평가	– 대상 사업장별, 대상 재해별 위험수준 평가 – 대상 사업장별 위험관리 우선순위화 결정

〈표 2.12〉는 발전사 리스크 평가 보고서의 업무 중단 위험요소 사례를 정리한 표이다.

표 2.12 RA 보고서 업무중단 위험요소 사례

분류	위험요소(총 27항목)
자연재해 (7항목)	풍수해, 대설, 지진, 가뭄, 낙뢰, 황사, 지반침하
사회재난 (14항목)	에너지체계 마비, 화재, 붕괴, 폭발, 교통사고, 식중독, 방화, 테러, 태업(파업), 통신체계 마비, 교통 및 금융 체계 마비, 수도체계 마비, 감염병(가축전염병)
기술적 사고 (6항목)	네트워크 마비, 해킹, 컴퓨터 바이러스, 전산장비 장애, 어플리케이션 장애, DDoS 공격

출처: 신재민, 사업연속성 확보를 위한 언론 대응 위기관리 커뮤니케이션 전략 고찰

ISO 22301 인증 추진 절차

첫 번째는 준비 단계로, ISO 22301 인증을 추진하기 전에 몇 가지 준비를 해야 한다. 이 과정에서는 외부 인증기관을 파악하고 협력이 필요하며, 사전 상담을 통해 필요한 사항을 효율적으로 준비하는 것이 중요하다. 또한, 기업의 경영진은 ISO 22301 인증 추진을 선언하고 이에 대한 의지를 확고히 표명해야 한다. 인증을 받을 부서나 팀 및 핵심 인원을 지정하여 인증 프로젝트를 원활하게 추진할 수 있다.

두 번째는 GAP 분석 단계로, 조직은 업무를 파악하여 현재 준비 상태와 ISO 22301 요구사항 간의 차이를 확인한다. 이를 통해 부족한 부분과 보완이 필요한 사항을 파악하고 개선 계획에 반영한다. 또한, ISO 22301 요구사항 및 관련 사항에 대한 이해도를 향상시키기 위해 교육과 훈련 프로그램을 개발하여 인증 프로젝트를 원활하게 추진할 수 있다.

세 번째는 위험평가와 비상대응 계획 개발 단계이다. 조직은 우선순위가 부

여된 활동 및 필요한 자원에 대한 중단성 위험을 식별하고 평가한 후, 비상대응 계획을 수립해야 한다. 이 비상대응 계획은 조직의 핵심업무를 지원하고, 재난 시나리오에 대비한 조치를 담고 있어야 한다.

네 번째는 문서화 작업 단계로, 모든 연속성경영 관련 프로세스와 정책을 문서화하고 정리하여 보관해야 한다. 이를 위해 조직은 ISO 22301 인증과 관련된 목표를 달성하기 위한 매뉴얼, 절차, 작업 지침 등의 문서를 작성하고 기록해야 한다.

다섯 번째는 자원 할당 단계로, 적절한 자원(인력, 예산, 기술 등)을 할당하여 BCM 프로젝트를 원활히 진행한다.

여섯 번째는 점검 및 개선(내부심사) 단계이다. 조직은 ISO 22301 인증 요구사항을 준수하는지 중간점검을 실시하고, 그 결과를 부서별로 전파하고 개선 및 보완해야 한다. 이후 개선 및 보완을 실행하고 최종적인 점검을 거친 후, 심사 대비 및 심사 관련 협의를 진행한다. 내부심사나 실사를 통해 평가 및 검증을 수행하며, 이 과정에서 외부 심사 기관을 고려할 수도 있다.

일곱 번째는 인증심사 단계이다. 이 단계에서는 ISO 22301 인증을 위해 기업에 적합한 인증기관을 선택한다. 현재 ISO 22301 인증기관은 케이에스알인증원(KSR), (재)한국품질재단(KFQ), 한국생산성본부인증원(KPC-QA), 한국경영인증원(KMR), 한국표준협회(KSA), 시스템코리아인증원(SYSKO), 키와코리아(주), 에이케이인증원(주) 등 8개 인증기관이 활동하고 있다. 인증기관은 독립적으로 조직을 평가하고, 인증을 부여할 수 있는 역할을 하며, 문서 심사 및 기록 점검을 포함한 1단계 심사와 현장 심사 및 인터뷰 등이 이루어지는 2단계 심사가 진행된다. 이러한 심사 과정을 거쳐 기업은 인증을 받거나 수정 사항을 해결해야 할 수 있다.

여덟 번째는 인증 획득 단계이다. 기업이 인증 심의를 거쳐서 인증심사를 통과하면, 인증기관은 ISO 22301 최초 인증을 부여한다.

마지막으로, 인증 후에도 기업은 비즈니스연속성경영시스템을 유지하고 지속적으로 개선하기 위해 노력해야 한다. 조직은 정기적인 평가와 검토를 통해 안전성과 성과를 계속해서 향상시킬 수 있으며, 법규 및 규정의 변경에 대응하는 것이 필수적이다. 인증 유효기간은 3년이며, 이 기간에 매년 사후관리 심사를 받아야 한다.

ISO 22301 관련 운용 사례

1. 필립스 공장 화재 당시 노키아와 에릭슨

2000년 미국 뉴멕시코주에 벼락이 쳐 필립스 공장에 화재가 일어났고, 이로 인해 에릭슨과 노키아에 대한 반도체 부품 공급이 6주간 중단되었다. 이 사고 후, 노키아는 신속한 위기 대응을 통해 필립스에 대한 부품 의존도를 줄이고 대체 공급망을 확보하여 생산 차질을 최소화했다. 그 결과 영업이익은 42% 상승하고 시장 점유율은 3% 증가했다. 그러나 에릭슨은 필립스가 곧 부품 생산을 재개할 것이라는 잘못된 믿음과 기존 재고에 의존하여 위기 대응을 하지 않았다. 이에 따라 23억 달러 이상의 손실을 입고 시장 점유율은 3% 감소하며, 결국 전 세계 휴대폰 시장에서 철수하게 되었다.

2. 9.11 테러 당시 모건 스탠리와 메릴린치

2001년 미국 세계무역센터에서 일어난 9.11 테러는 미국의 상징적인 경제 중심지인 월스트리트를 중심으로 전 세계에 충격을 안겼다. 이 테러로 인해 세계무역센터에 입주한 기업들의 업무가 일시 중단되었으며, 수많은 인명과 교통, 통신에 이르는 다양한 측면에서 심각한 피해가 발생했다. 이 때문에 고객에게 서비스를 제공하지 못해 그 피해가 기업에 직접적으로 돌아갔고, 결국에는 고객의 신뢰를 잃게 되어 기업의 생존에도 영향을 미치는 중대한 위기로 작용했다.

세계적인 투자 은행 중 하나인 모건 스탠리 역시 세계무역센터 내에 본사를 두고 50개 층 규모에 3,500여 명의 임직원을 상주시키고 있었는데, 사건 발생 당시에는 2,500여 명이 근무하고 있었다. 9.11 테러로 건물이 붕괴되는 20~30여 분만에 건물 안에서 근무하고 있던 인원 대부분이 지체 없이 건물을 빠져나와 목숨을 구할 수 있었다. 또한 모건 스탠리는 테러 발생 후 약 1시간 43분 안에 모든 기능을 100% 정상 복구하였으며, 다음날 오전 9시부터 전체 모든 지점이 정상 업무를 개시하여 사람들의 주목을 받기 시작했다(Deloitte, 2017).

테러 발생 후 다음날에도 모건 스탠리가 정상적으로 업무 재개가 가능했던 이유는 바로 위기대응에 대한 가이드라인 비즈니스연속성 계획이 수립되어 있었기 때문이라고 할 수 있다(강경현, 이원호, 양원직, 2018). 모건 스탠리는 1993년 세계무역센터 폭탄테러를 경험 후 유사 상황에 대비하고자 BCP 수립을 통해서 위기상황 발생 시 집합 장소, 비상연락체계 등의 위기대응 가이드라인 교육과 정기적인 비상대피 모의훈련을 지속적으로 시행해 왔기 때문에 테러 발생 시 직원들은 평소 모의 훈련과 같이 건물 밖으로 대피 후 비상연락체계를 통해 생존 보고를 하였고, 이를 통해 회사는 전체 직원의 생존 사실도 바로 확인할 수 있었다(Deloitte, 2017). 이러한 우수한 사례를 계기로 전 세계 기업들은 비즈니스연속성경영시스템을 도입하기 시작하였으며, 글로벌 경영시스템의 필수적인 요소로 인식하게 되었다(미국연방재난관리청홈페이지[www. fema.gov]).

세계적인 금융기업인 메릴린치는 사건 발생 당시 세계무역센터 바로 건너편인 월드파이낸셜센터에 본사를 두고 있었다. 9.11 테러가 발생하자 메릴린치는 즉각 9,000여 명에 이르는 임직원들을 혹시 모를 위험에 대비하기 위해 근처 여러 빌딩으로 긴급 대피시켰다. 세계무역센터 붕괴 이후에 컴퓨터와 전화 시스템이 마비되면서 여러 곳에 분산 배치된 부서들과 통신이 완전 차단되어 실질적인 업무를 볼 수 없는 상황에 놓이게 되었다. 이 과정에서 메릴린치는 재난 상황에 대비하기 위해 구축해 놓았던 위기 대응 시스템을 유지해 왔고, 기존의 위기 대응 체계를 지속적으로 업데이트해 왔기 때문에 관련 위기에 적극 대응해 나갔다.

우선 메릴린치는 신속하게 위기 대응팀을 구성해 핵심 경영진이 직접 주요 언론사와 TV 뉴스 프로그램에 대응하게 했다. 그리고 고객들의 자산과 관련해 모든 고객의 계좌가 안전하고 언제든지 고객들의 문의와 요구에 응할 수 있음을 확신시키는 데 주력했다. 또한 커뮤니케이션팀으로 하여금 메릴린치의 피해 복구 노력이나 최고경영진의 정기적인 경과 보고 내용, 긴급 인력 지원과 배치, 운송과 서비스, 피해를 본 직원들을 위한 핫라인, 수천 명에 이르는 피해자들에 대한 추모와 기도 관련 메시지, 그리고 재난 복구 관련 직원들의 감동 스토리 등 모든 정보를 수집, 월드넷과 홈페이지에 게재토록 했다.

이처럼 메릴린치는 위기관리 시스템 구축을 통해 발 빠른 대처를 보여 2001년 9월 16일에 이르러서는 긴급 대피했던 직원들 대부분이 업무에 복귀, 기존의 미국 내 시장 점유율 회복과 함께 나스닥에서 2위 자리를 되찾는 등 9.11 테러 발생 이전의 상황으로 빠르게 회복할 수 있었다(송해룡 외, 해외 성공사례에서 배우는 리스크 커뮤니케이션 전략).

3. 대규모 지진에 대응하는 도요타

도요타는 2011년 동일본 대지진으로 인해 공급망 수급문제로 큰 피해가 발생한 뒤 재난에 대해 근본적인 준비체계를 갖추고, 재난으로부터 피해가 재발하지 않도록 관리하기 위해 Plan-Do-Check-Act cycle(PCDA, 계획-실행-검토-조치)에 기반한 BCMS 및 RESCUE(Reinforce Supply Chain Under Emergency)라고 불리는 공급망 위기관리시스템을 도입하였다(Ono et al, 2015). 이를 통해 도요타는 재난 발생에 대한 지속적인 교육과 훈련으로 위기대응 역량을 강화한 조직을 만들기 위해 노력하였다. 2016년 4월 구마모토 지진뿐만 아니라 돗토리현 등 일본 각지에서 대규모 지진 발생으로 인한 재해가 지속되었고, 지진으로 모든 생산라인의 부품을 제공하는 공장이 붕괴되었지만 도요타는 재난에 대한 철저한 준비와 교육 훈련으로 차질 없이 계획된 생산 일정을 맞출 수 있었다(이보람, 이정은, 손원주, 2020).

4. SK C&C 판교 데이터 화재 당시 카카오톡

2022년 10월 15일, 경기도 성남시 삼평동에 위치한 SK주식회사 C&C 판교 캠퍼스 A동 지하 3층 전기실에서 화재가 발생했고 이 과정에서 서버 작동에 필요한 전원 공급이 끊겨 카카오의 서비스를 비롯한 해당 IDC에 입주한 모든 서비스들이 다운되어 버린 사건이 발생했다. 10월 19일이 되어서야 대표이사가 사과문을 발표하였고 새벽 5시경 전력 공급 체계가 복구되었다. 10월 21일에는 SK C&C와 카카오는 데이터센터 화재 발생 통보 및 인지 시점을 두고 대립하였다.

① 카카오톡 영향

- 카카오톡 비즈 채널, 예약, 선물하기(상품권·금액권) 등 카카오 서비스를 활용 중이었던 매장은 카카오를 통한 예약, 상담, 결제 등 기본적인 영업조차 불가능한 상황이 발생했다.
- 카카오톡으로 순번 대기표를 발송하는 일부 가게들이 알림을 발송할 수 없게 되었다.
- 카카오T의 먹통으로 카카오T 택시기사, 대리기사, 퀵서비스 기사는 콜을 받지 못하여 원활한 근무가 불가능해 수익 창출의 차질이 불가피했다.
- 카카오T의 먹통으로 인해 카카오 바이크와 전동킥보드를 반납할 수 없는 상황이 발생했다.
- 카카오T 주차를 통해 입차한 차량이 출차를 하지 못하는 상황이 발생했다.
- 페이스톡을 사용하는 아이돌 영상통화 팬싸인회는 연기되거나 다른 플랫

폼을 통해 진행된다.

- 멜론 또한 먹통이 되었다.

카카오 계열사 주가 급락/손해배상 청구 소송, 카카오 이용자 대거 이탈 등 10월 17일 월요일, 주식시장이 개장하자마자 카카오, 카카오페이, 카카오뱅크 등의 주식이 모두 6% 이상 폭락하기 시작했다. 특히 카카오의 경우 개장하자마자 순식간에 외국인 매도 121만 주와 9%의 폭락을 기록했다. 장 마감까지 카카오 계열사들의 이날 하루 동안 시가 총액이 2조 원 넘게 증발했다(나무위키, 2024. 2. 25.).

ISO 22301 BCMS 인증 활성화 방향

2023년 12월 기준, 한국인정지원센터(KAB)는 ISO 22301 인증을 통해 196건의 인증 실적을 달성했다. 이는 2016년 자동차 부품 제조 분야를 시작으로 꾸준한 증가세를 보이고 있지만, 다른 주요 인증인 ISO 9001(25,171건), ISO 14001(13,482건), ISO 45001(10,436건), ISO 37001(481건)에 비해 증가 폭이 낮은 것으로 나타 성장의 한계가 있음을 알 수 있다. 현재 국내에서 활동하고 있는 ISO 22301 인증기관 수는 8개 기관으로 전체 인증기관 165개 대비 비교적 적은 실정이다.

코로나 팬데믹 이후 국지적 전쟁의 발생은 경제에 3고 현상(고유가, 고금리, 고환율)을 초래하여 기업들의 경제적 부담을 더욱 가중시키고 있다. 이러한 상황은 인플레이션, 자원 수급 및 공급망 불균형, 양극화 현상 등 다양한 위협을 기업의 비즈니스연속성에 던져주고 있다. 동시에 기후변화와 AI 인공지능 등 5차 산업혁명의 변곡점에서 재난의 빈도가 증가하고, 이러한 재난은 복합적이고 대형화되고 있어 인명과 재산의 피해 규모도 증대되고 있다. 이에 따라 기업은 주요 업무의 중단 가능성과 그에 따른 피해를 최소화하고, 신속하고 효과적으로 대응하며 리질리언스를 향상시키기 위해 ISO 22301 인증을 통한 BCMS 역량을 강화해야 할 시점에 있다고 판단된다.

세월호 사고, 코로나 펜데믹, 그리고 화재와 같은 재난 사건들은 우리에게 그 실마리를 제공한다. 이들 사고는 매뉴얼 부재나 지휘체계 혼선과 같은 문제들이 재난 대응 시 중요한 역할을 하는 것을 보여주었다. 예를 들어, SK C&C의 지하 데이터센터 화재는 국민의 생활에 큰 불편을 가져오며 기업의 이미지에도 타격을 입혔다. 이러한 사례들은 국가 및 기업이 재난에 대비하고 대응할 수 있는 체계를 구축하고 그 작동성을 확인하는 데 있어서 중요한 역할을 한다. 이러한 이유로 ISO 22301 인증은 더 이상 선택이 아닌 필수적인 요소로 자리 잡고 있다.

재난과 재해로 인해 기업활동이 중단되면 기업은 막대한 유무형의 피해를 입어 기업 생존이 매우 어려워질 수 있다. 이러한 상황에서 대기업과 공기업은 자체적으로 위험을 관리하고 재난과 재해에 대한 복구 능력이 상대적으로 뛰어나지만, 중소기업은 회복력이 매우 부족하므로 비즈니스연속성경영의 도입이 절실하다. 그러나 현재 ISO 22301 인증은 주로 대기업과 공공기관에 집중되어 있으며, 중소기업은 외생변수에 취약하고 인력과 자원이 제한적인 상황에서 인증 취득이 어려운 실정이다. 이에 대응하기 위해서는 중소기업이 부담없이 참여할 수 있도록 국가적인 지원 정책이 마련되어야 한다. 이를 통해 ISO 22301 인증의 활성화를 촉진하여, 중소기업의 비즈니스연속성을 강화하는 데 기여할 수 있을 것이다.

ISO 22301 인증을 획득하는 것은 중요하지만, 실제로 시스템의 운영과 내실화를 통해 비즈니스연속성경영시스템의 운영성을 높이는 것이 더욱 중요하다. 즉, 재난 발생 시 비상대응, 위기관리 커뮤니케이션, 비상 가동에 따른 사업 연속성 복구 과정이 신속하게 실행되어 회복력을 높여야 한다. 특히 공공기관에서는 JOB 로테이션이 빈번하고, 재난관리 업무는 기피하는 경향이 있어서 장기적으로 근무하는 전문가가 부족하다. 이는 재난 대응 조직의 경험 부족으로 이어져 사고 발생 시 BCMS가 제대로 작동하지 못하는 상황을 초래할 수 있다. 이태원 사고는 이러한 대표적인 사례 중 하나이다. 국가는 비즈니스연속성 계획, 비즈니스연속성경영, 비즈니스연속성경영시스템을 구축하여 재난 발생 시 신속하게 대응할 수 있도록 하였지만, 재난 대비 체계가 올바로 작동하지 않았다. 사고를 예방하는 것이 가장 중요하지만, 발생한 사고의 피해를 최소화하는 것도 중요하다. 이는 경험이 풍부한 재난 대응 조직이 사고 초기에 BCMS를 어떻게 운영하는가에 큰 영향을 미친다. 따라서 조직은 재난 대응 인력이 장기적으로 근무할 수 있도록 인사 정책을 조정하고, 인센티브를 통해 오랜 기간 근무하도록 동기부여를 고려해야 한다. 또한 체계적이고 지속적인 훈련을 통해 신속한 대응 능력을 키우는 것이 필요하다. 임직원들에 대한 BCMS 교육을 법적으로 의무화하는 정책 지원도 필요하다. 기업의 BCMS 역량 강화는 국가의 BCMS 역량 증가로 이어질 것이라고 믿는다.

3장

국내외 안전보건경영시스템 운영 현황

01 국내외 안전보건경영시스템 관련 조직 및 역할

ISO 설립 목적

ISO의 설립 목적은 ISO 정관(Statute) 제2조에 명기된 바와 같이 상품 및 서비스의 국제적 교환을 촉진하고, 지적, 과학적, 기술적, 경제적 활동 분야에서의 협력 증진을 위하여 세계의 표준화 및 관련 활동의 발전을 촉진시키는 데 있다. 이러한 목적 달성을 위하여, ISO는 다음과 같은 업무를 수행할 수 있다.

- 표준 및 관련 활동의 세계적인 조화를 촉진시키기 위한 조치를 취한다.
- 국제표준을 개발, 발간하며, 이 표준들이 세계적으로 사용되도록 조치를 취한다.
- 회원기관 및 기술위원회의 작업에 관한 정보의 교환을 주선한다.
- 관련 문제에 관심을 갖는 다른 국제기구와 협력하고, 특히 이들이 요청하는 경우 표준화 사업에 관한 연구를 통하여 타 국제기구와 협력한다.
- 표준화 사업에 관한 연구를 통하여 타 국제기구와 협력한다.

ISO 회원

ISO의 회원은 정회원, 준회원 및 간행물 구독회원으로 구분된다. 정회원은 각국의 표준화 분야에서 가장 널리 대표적인 국가표준기관으로서, ISO 절차규정에 의거 ISO 입회가 허용된 국가표준기관이다. 정회원이 없는 국가의 경우 표준화에 관심 있는 국가 기관은 이사회에서 규정한 절차에 따라, 투표권 없이 통신회원 또는 간행물 구독회원으로 등록할 수 있다. 한 국가에서 오직 하나의 기관만이 회원자격을 획득할 수 있다. 정회원 가입을 희망하는 표준 기관은 정관 및 절차규정을 수락한다는 내용으로 사무총장에게 서면으로 신청해야 한다. 사무총장은 신청서를 즉시 이사회에 제출하여, 다음 사항을 결정토록 한다.

- 이미 그 국가의 다른 기관이 ISO에 등록되어 있는지 여부
- 신청기관이 표준화 문제에 있어 자국 내에서 가장 대표적인 표준화 기관인지 여부

정회원 가입을 위해서는 이사회에서 최소 14개국의 찬성표를 획득하여야 한다. 이러한 찬성표를 획득하지 못하는 경우, 신청기관은 ISO에 이의를 제기할 수 있으며 동 문제를 전체 회원국에 회부시켜 회원국 3/4 이상의 찬성을 얻으면 가입이 허용된다.

필자는 ISO 정회원국가의 회원자격으로 TC96(크레인 기술분과) 국제회의에 매년 참여하면서 국제회의를 우리나라 제주도에서 개최 한 바 있어서 국제적 위상과 기술 수준의 국제화와 우리나라 KS 표준의 부합화를 위하여 기여하였

다고 자부를 하고 있으며 우리나라의 자동차, 전자분야 등 각 산업 분야별 전문가들이 국제표준의 국제화에 그 역할과 전문성을 발휘하여 국가의 이익과 위상제고에 기여하는 바가 크다고 자부하고 싶다.

우리나라는 1963년 상공부 표준국이 우리나라를 대표하여 ISO에 Member body로 최초 가입하였다. 1973년 상공부 표준국이 독립하여 공업진흥청으로 변경되었으며, 1996년 이후로는 현재의 국가기술표준원(KATS, Korean Agency for Technology and Standards)이 정회원으로 활동하고 있다.

국제표준화기구

국제표준화기구(ISO, International Organization for Standardization)는 국제표준을 개발·관리하는 대표적인 표준화 기구로서 전기·전자 분야는 IEC에서 관할하고 있으며 2024년 현재 회장국으로서 국제적으로 그 역할을 다하고 있다.

표 3.1 ISO 개요

구 분	일반 현황
영문명칭	International Organization for Standardization
설립연도	1946년 10월
사무국 위치	스위스 제네바
회원국	167개국(정회원 125개국, 준회원 39개국, 통신회원 3개국)
기술위원회	259개

주: 국제표준 개발(24,610종 보유, '22년 말 기준), 우리나라는 1963년도 ISO에 가입

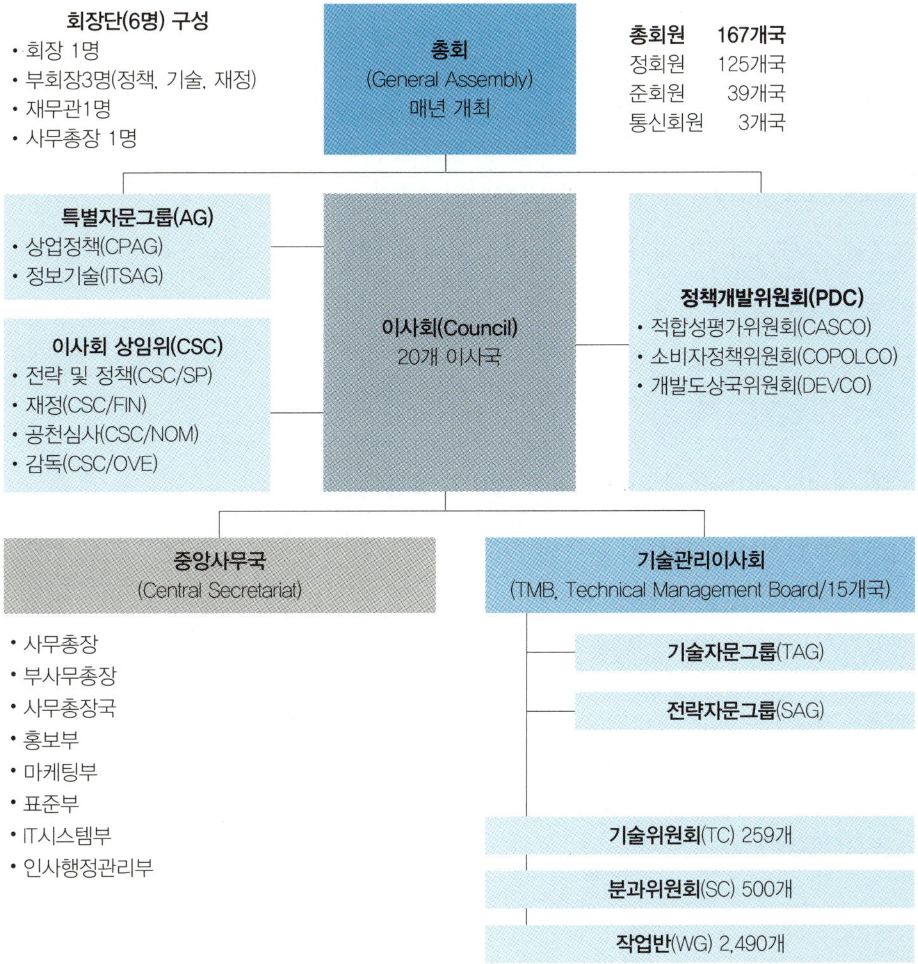
회장단(6명) 구성
• 회장 1명
• 부회장3명(정책, 기술, 재정)
• 재무관1명
• 사무총장 1명
총회
(General Assembly)
매년 개최
총회원 167개국
정회원 125개국
준회원 39개국
통신회원 3개국
특별자문그룹(AG)
• 상업정책(CPAG)
• 정보기술(ITSAG)
이사회 상임위(CSC)
• 전략 및 정책(CSC/SP)
• 재정(CSC/FIN)
• 공천심사(CSC/NOM)
• 감독(CSC/OVE)
이사회(Council)
20개 이사국
정책개발위원회(PDC)
• 적합성평가위원회(CASCO)
• 소비자정책위원회(COPOLCO)
• 개발도상국위원회(DEVCO)
중앙사무국
(Central Secretariat)
• 사무총장
• 부사무총장
• 사무총장국
• 홍보부
• 마케팅부
• 표준부
• IT시스템부
• 인사행정관리부
기술관리이사회
(TMB, Technical Management Board/15개국)
기술자문그룹(TAG)
전략자문그룹(SAG)
기술위원회(TC) 259개
분과위원회(SC) 500개
작업반(WG) 2,490개

그림 3.1 ISO 조직도

ISO 표준 제정 절차

ISO 국제표준 제정절차는 일반적으로 제안부터 발행까지 6단계로 구성되며, ISO/IEC 기술작업지침서를 준수한다. 신규표준제안은 ISO 국가회원기관, TC/SC 간사기관, 연계기관, 기술관리이사회 또는 자문그룹, ISO 사무총장에 의해 이루어질 수 있고, 작업안은 해당 기술위원회의 정회원들에게 회부되어 투표를 거치게 된다.

0. 예비단계(Preliminary stage): **예비작업항목(PWI)**

기술위원회나 분과위원회는 후속단계로 진행하기에는 충분하지 않은 예비작업항목(PWI)을 P 멤버의 단순 과반수 투표로 작업프로그램에 도입할 수 있다.

표 3.2 ISO/IEC 국제표준 프로젝트 추진단계

프로젝트 단계	관련 문서	
	명칭	약어
0. 예비단계	예비 업무 항목	PWI(Preliminary Work Item)
1. 제안단계	신규 업무 항목 제안	NP(New Work Item Proposal)
2. 준비단계	작업 초안	WD(Working Draft)
3. 위원회단계	위원회 초안	CD(Committee Draft)
4. 질의단계	질의안(국제표준안)	DIS(Draft International Standard)
5. 승인단계	최종 국제표준안	FDIS(Final Draft International Standard)
6. 출판단계	국제표준	IS(International Standard)

주: Committee Draft for Vote: 투표용 위원회안

표 3.3 ISO/IEC 국제표준 개발 담당자와 기한

작업내용	담당자	기한
NP 투표	P 멤버	통상 3개월
NP 투표 결과 수집	간사	투표 종료 후 6주 이내
1차 WD	TC/SC	프로젝트 승인 후 6개월
1차 CD	TC/SC	프로젝트 승인 후 12개월
CD 회람	간사	최단 3개월, 최장 6개월
CD 코멘트 취합, 회람	간사	투표 종료 후 4주 이내
ISO 중앙사무국에 DIS 제출	간사	합의 도출 후 4개월
DIS 회람	ISO 중앙사무국(CS)	문서 승인 후 4주 이내
DIS 투표	P 멤버	5개월
DIS 코멘트 취합	ISO 중앙사무국(CS)	투표 종료 후 4주 이내
DIS 투표 결과	간사	DIS 투표 종료 후 3개월
ISO 중앙사무국에 FDIS 제출	간사	DIS 투표 후 4개월
FDIS 회람	ISO 중앙사무국(CS)	수령 후 3개월 이내
FDIS 투표	P 멤버	2개월
FDIS 투표 결과	ISO 중앙사무국(CS)	FDIS 투표 종료 후 2주
IS 발간	ISO 중앙사무국(CS)	FDIS 투표 종료 후 2개월

1. 제안단계(Proposal stage): 신규작업항목 제안(NP)

신규작업항목 제안은 NP 제안서식에 작성하여 제출하며, 이 항목을 작업프로그램에 추가할 것인지는 서신 또는 회의를 통해 결정한다. 적어도 5개 이상의 P 멤버가 적극적으로 참여하겠다는 의사를 표명해야 하며, 작업프로그램에 프로젝트로 포함시키는 문제는 1단계에서 결정된다.

2. 준비단계(Preparatory stage): 작업초안(WD)

이 단계에서는 ISO/IEC Directive, Part 2에 따라 작업초안(WD)을 작성한다. 완성된 작업초안을 위원회안(CD)이라 하며, 위원회안이 기술위원회 또는 분과위원회의 멤버들에게 회람되고 중앙사무국에 등록되면 준비단계는 종료된다.

3. 위원회단계(Committee stage): 위원회안(CD)

위원회단계는 국가 회원기관들의 의견을 검토하는 단계이다. 따라서 이 단계에서 국가 회원기관들은 위원회안의 내용을 검토하여 관련된 모든 의견, 특히 기술적인 의견을 제출하며 국제회의의 대표자들은 자국의 입장에 대해 보고하게 된다. 질의안에 대한 회부 결정은 합의 원칙에 따르며, 위원회안이 회람을 위해 질의안으로 승인되고 중앙사무국에 등록되면 위원회단계는 종료된다.

4. 질의단계(Enquiry stage): 질의안(DIS)

질의단계 기간에 중앙사무국은 질의안을 모든 회원기관에 배포하여 찬반투표를 하도록 하며 이는 다음 조건에서 승인된다. △ 기술위원회 또는 분과위원회 P 멤버 투표수의 2/3가 찬성하고 △ 전체 투표수의 1/4 이하가 반대할 경우

5. 승인단계(Approval stage): 최종국제표준안(FDIS)

최종국제표준안을 중앙사무국에서 회원국에 배포 후 8주 동안 투표한다. 회원국은 찬성, 반대, 또는 기권의 의사를 명시하며 반대를 하는 경우 반드시 기술적 사유를 명시한다. 최종국제표준안은 질의안과 같은 조건에서 승인되며, 승인단계는 최종국제표준안을 국제표준으로 발간토록 승인하였음을 명시하는

투표보고서를 회람함으로써 종료된다.

6. 출판단계(Publication stage)

4주 안에 중앙사무국 기술위원회 또는 분과위원회 간사기관은 지적된 인쇄상 오류들을 수정하여 국제표준으로 인쇄하고 배포한다. 이 단계는 국제표준의 발간과 함께 종료된다.

인정기구 및 인정제도의 개요

국가기술표준원은 국가표준제도의 확립 및 산업표준화제도 운영, 공산품의 안전/품질 및 계량·측정에 관한 사항, 산업기반 기술 및 공업기술의 조사/연구 개발 및 지원, 표준화 관련 국가 간 또는 국제기구와의 협력 및 교류에 관한 사항 등의 업무를 관장하는 국가 조직이다. "국가표준기본법", "적합성평가 관리 등에 관한 법률" 및 국제기준에 의거 한국인정기구(KOLAS)를 운영하여 적합성평가기관이 규정된 요건을 충족시키고 특정 적합성평가업무를 수행할 수 있는 능력이 있음을 제3자가 증명해주는 인정업무를 수행하고 있다.

한국인정기구(KOLAS, Korea Laboratory Accreditation Scheme)는 **시험, 교정, 검사, 표준물질생산, 메디컬시험, 숙련도시험, 제품인증, 생물자원은행 및 타당성 평가·검증 인정제도의 운영을 총괄**하고 있으며, 국가기술표준원장이 KOLAS장의 역할을 수행하고 있다.

KOLAS는 설립 이래 국제기준에 부합하는 인정제도를 확립하고 인정제도의 운영능력을 국제수준으로 향상시켰으며, 인정제도와 관련한 ILAC, IAF, APAC

등 국제회의와 APAC 등에서 주관하는 비교 숙련도시험에도 꾸준히 참여하고 있다. 또한 국내 KOLAS 공인기관들의 능력향상을 위한 교육·훈련업무를 꾸준히 실시하고 있다.

2021년 4월 8일 한국인정기구는 **한국제품인정기구**(KAS, Korea Accreditation Scheme)와 **통합**하여 기존의 KOLAS 인정스킴에 이어 제품인증분야 인정업무를 운영하게 되었다. KOLAS는 공인시험 및 교정기관에 대한 신뢰성을 국제적으로 인정받아 1998년 10월 APLAC MRA에 서명한 데 이어 2000년 11월과 2001년 5월에 각각 시험과 교정 분야에 대해 ILAC MRA에 공식 서명하였고, 2016년 12월에는 메디컬시험 분야에 대해서도 APLAC 및 ILAC MRA에 공식 서명하였다. 제품인증분야에 대해 KAS는 2007년 7월 PAC MLA에 서명하였으며, 2007년 10월에는 IAF MLA에 공식 서명하였다.

2023년 2월 KOLAS는 표준물질생산, 숙련도시험운영 및 제품인증분야의 세부스킴(GLOBALG.A.P.)에 대해 APAC MRA에 서명하였고, 같은 해 3월 동 분야의 ILAC MRA 및 IAF MLA에 공식 서명하였다. 이처럼 지속적인 국제 동등성평가 활동 및 인정분야 확대 등을 통해 선진국의 무역기술장벽에 적극적으로 대처하고 있다.

2023년 기준으로 APAC MRA에는 33개 지역 55개 인정기구, ILAC MRA에는 116개 지역 109개 인정기구 및 IAF MLA에는 5개 지역기구(약 70개 이상 국가) 83개 인정기구가 가입하여 상대국의 공인성적서 및 인증서를 상호수용하고 있다.

- ILAC 회원현황 바로가기: www.ilac.org/ilac-mra-and-signatories/
- IAF 회원현황 바로가기: www.iaf.nu/en/recognised-abs/
- APAC 회원현황 바로가기: www.apac-accreditation.org/apac-mra/

인정기구 연혁

한국인정기구(KOLAS)

2023.03	표준물질생산 및 숙련도시험운영분야 ILAC 상호인정협정 체결, 제품인증분야 (GLOBALG.A.P) IAF 상호인정협정 체결
2021.04	한국인정기구(KOLAS) 및 한국제품인정기구(KAS) 통합
2016.12	메디컬시험분야 APLAC/ILAC 상호인정협정 체결
2007.04	한국인정기구(KOLAS) 개칭
2001.05	교정분야 ILAC 상호인정협정 체결
2000.11	시험분야 ILAC 상호인정협정 체결
2000.10	교정분야 APLAC 평가
1998.10	시험분야 APLAC-MRA 체결
1998.09	교정시험기관 인정 프로그램을 KOLAS로 통합
1996.09	ILAC 창립회원으로 가입
1995.04	APLAC 정회원으로 가입
1992.12	한국교정시험기관인정기구(KOLAS) 출범

한국제품인정기구(KAS)

2021.04	한국인정기구(KOLAS)로 통합(KAS는 '22.4.8.까지 효력 유지)
2007.10	국제인정기구포럼(IAF) 상호인정협정(MLA) 가입
2007.07	아시아·태평양인정협력체(PAC) 상호인정협정(MLA) 가입
2001.07	한국제품인정기구(KAS) 설립(국가표준기본법 제21조)

안전보건경영 시스템 인증기관

한국 국가인정기구인 KAB(한국인정지원센터)로부터 인정을 받은 인증기관은 KSR인증원, 표준협회, 생산성본부 등 72개의 인증기관이 각각 인증분야별로 인정을 받아 인증업무 및 인증심사원 양성 및 내부심사원 양성교육 등을 실시하고 있다.

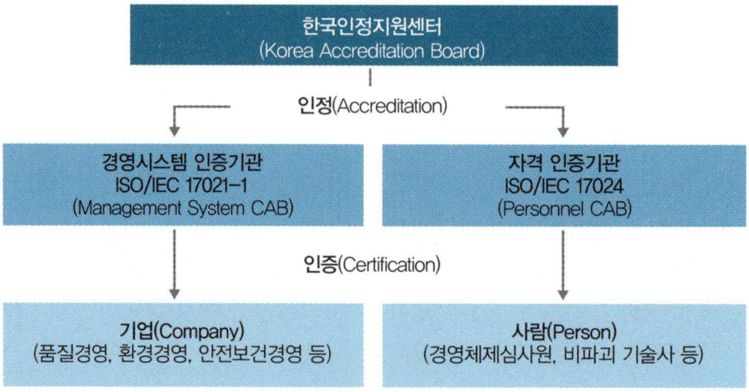

그림 3.2 우리나라 인정기관, 자격인증기관 구분

인증기관별 안전보건경영시스템 인증 범위(예시)

인증기관	품질경영 (QMS)	환경경영 (EMS)	정보통신 (TL)	안전보건 (OHSMS)
	ISO 9001	ISO 14001	TL 9000	ISO 45001
㈜한국경영인증원(KMR) KMR	●	●		●
케이인증원(주)(Kcerti) K-Certi Co., Ltd.	●	●		●
한국가스안전공사(KGS) Korea Gas Safety Corporation	●	●		●
(주)한국경총인증원(KEF-CR) Korea Employers Federation Certification Register	●	●		
국제기술품질인증원(주)(ITQA) International Technology Quality Assurance Co Ltd	●	●		●
국제표준인증원(주)(ISC) International Standard Certification Co Ltd	●	●	●	●
(주)케이에스알인증원(KSR) Korea Knowledge Standards Registrar Co., LTD.	●	●		●
한국표준협회(KSA) Korean Standards Association	●	●		●
시스템코리아인증원(주)(SYSKO) System Korea Certification	●	●		●
세계표준인증원(WSCS) World Standard Certification Service Co Ltd	●	●		

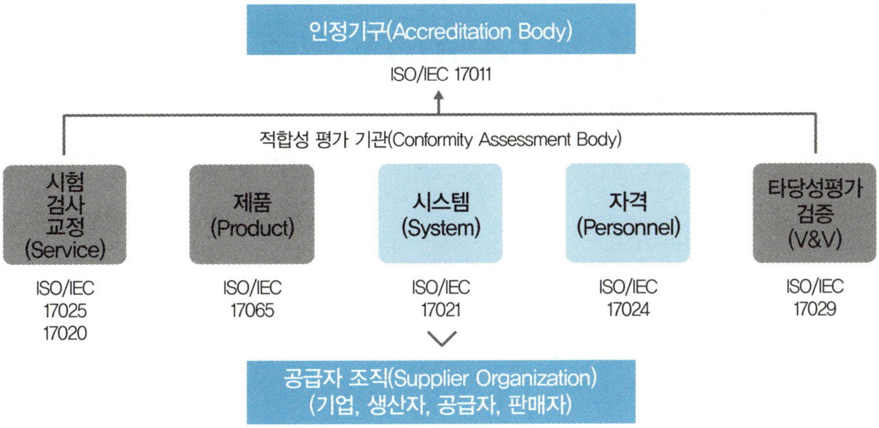

그림 3.3 분야별 적합성평가기관 구분과 ISO 표준

02 국내 ISO 45001 인증 및 교육 현황

안전보건경영시스템(ISO 45001) 인증의 의의

안전보건경영시스템은 법규 준수를 위한 중요한 요소이다. 관련 법규를 준수하고 안전한 환경을 제공함으로써 기업은 불이익을 피하고 규제 준수를 달성할 수 있다. 이는 기업의 평판과 신뢰도를 높일 수 있다. 더불어, 안전한 환경을 제공하는 것은 기업의 사회적 책임에 부합하는 일이기도 하다. 기업은 근로자들과 지역사회에 대한 책임을 다해야 하며, 안전한 환경을 제공하여 근로자들과 지역사회의 건강과 안전을 보호할 수 있다. 이러한 이유로 안전경영시스템은 기업의 지속가능한 발전과 근로자들의 보호를 위해 매우 중요한 요소라고 할 수 있다.

ISO 45001은 국제표준화기구(ISO) 및 국가기술표준원의 한국산업표준(KS)으로 채택된 국제표준으로서 안전보건경영시스템을 지칭하며, 이는 전 세계 공급망과 다양한 산업분야에서 제품을 공급하는 모든 국가의 계약자와 하청업자들이 사용할 수 있는 근로자 안전표준 및 검사의 글로벌 기반을 제공하는 것을 목표로 한다. 이것은 현대 산업사회에서 근로자의 안전과 건강이 매우 중요한 이슈로 대두되고 있는 상황에서 근로자의 안전을 최우선으로 고려하는 경영 철학을 구현하는 데 중요한 도구로 인식되고 있다.

ISO 45001은 안전보건경영에 대한 표준으로, 조직이 업무와 관련된 상해 및 건강상 장해를 예방하고 안전보건 성과를 적극적으로 개선하여 안전하고 건강한 작업장을 제공할 수 있도록 인증을 통해 활용 가이던스를 제공하고 이를 통해 기업의 산업재해 예방과 쾌적한 작업환경을 조성하는 것을 목적으로 한다. 구성원 및 이해관계자가 참여하여 안전 및 보건의 유지·증진을 위한 목표를 정하고 잠재 위험요인을 파악 및 관리하기 위해 조직, 책임, 절차를 규정하며 물적·인적 자원을 효율적으로 배분하여 조직적으로 관리할 수 있게 한다.

ISO 45001 규격인증의 주요 특징 중 하나는 작업자 안전에 대한 실용적인 솔루션을 제공하는 것이다. 이는 조직이 근로자의 안전과 건강을 보호하고 유지하기 위해 구체적인 방안을 마련할 수 있도록 돕는다. 특히 이 표준은 산업안전보건 관리시스템을 적용하고 이를 근로자의 안전을 최우선으로 고려하는 데 필요한 지침과 절차를 제공한다. 또한, ISO 45001은 조직의 상황에 맞추어 적용될 수 있도록 설계되어 있다. 이는 각 조직이 자신의 운영 환경과 사업 목표에 맞게 산업 보건 및 안전관리 시스템을 구축하고 운영할 수 있도록 한다. 더불어 이 표준은 조직의 리더십과 경영진의 참여를 강조하여 안전한 작업환경을 조성하는 데 있어서 중요한 역할을 부여하고 있다.

ISO 45001은 이전 버전의 표준과 비교하여 몇 가지 주요 변경 사항을 포함하고 있다. 그중 하나는 경영시스템 기본구조인 HLS(High-Level Structure)를 도입한 것이다. 이는 ISO 9001 및 ISO 14001과 같은 다른 경영시스템과의 통합을 용이하게 한다. 또한, 조직의 상황을 고려하는 것과 리더십 및 경영진의 참여를 강조하는 등 안전한 작업환경을 조성하기 위한 요소들이 강화되었다. 이와 더불어 ISO 45001은 리스크 및 기회를 다루려는 조치를 통합하여 목표를 설정하고 실행하는 데 필요한 지침을 제공한다. 이는 조직이 안전한 작업환경을 유지하기 위해 어떠한 리스크가 있고 어떠한 기회가 있는지를 고려하고 적절한 대응책을 마련할 수 있도록 돕는다. 또한, 이 표준은 지원 및 운영 단계에서의 중요성을 강조하여 조직이 적격성, 인식, 의사소통 및 문서로 만들어진 정보를 효과적으로 관리할 수 있도록 돕는다.

ISO 45001의 적용은 기업의 근로자 건강과 안전에 대한 신뢰를 구축하는 중요한 수단으로 작용한다. 이를 통해 사고와 가동 중지 시간을 최소화하고 내부 운영의 효율성을 높일 수 있으며, 회사의 업무 활동과 관련한 이해 당사자의 안전을 향상시킨다. 또한, 이 표준은 조직이 예방적으로 운영되고 지속적인 개선을 추구하는 데 필요한 기반을 제공하여 안전한 작업 환경을 유지할 수 있도록 돕는다.

ISO 45001 인증 획득을 위한 절차는 다음과 같다.

먼저, 조직 내에서 ISO 45001 인증을 지원하는 팀을 구성하고, 표준을 이해하고 현황을 평가하여 개선할 부분을 확인한다. 그다음에 ISO 45001 요구사항에 따라 문서화를 진행하고 안전 및 건강 관리 시스템을 구현한다. 그 후에는 조직 내 모든 관련 직원들에게 교육 프로그램을 시행하고, 인증기관을 선택하여 절차를 시작한다.

인증기관은 조직을 평가하고 발견된 부족한 부분을 개선하도록 안내하며, 성공적으로 평가를 마친 후에는 ISO 45001 인증을 획득한다. 이를 통해 근로자의 건강과 안전에 대한 책임을 이행하고, 내부 운영의 효율성을 높이며 지속적인 개선을 촉진할 수 있다.

안전보건경영시스템은 기업 운영에 있어 근로자의 안전과 건강을 보호하고, 생산성을 향상하며 법규 준수와 사회적책임을 이행함으로써 기업의 지속가능한 발전과 근로자 보호에 중요한 역할을 한다.

인증 기대효과[1]

인증기대 효과는 다음과 같다.

첫째, 인증사업장의 재해가 감소한다(인증사업장의 재해분석 결과 제조업 평균 재해율의 50% 수준 유지).

둘째, 효율적인 안전보건활동으로 작업환경 및 근로복지가 개선된다.

셋째, 각종 법규 및 규제에 대응하여 벌금 및 과태료가 절감된다.

넷째, 협력업체 안전보건활동 지원으로 공생협력이 강화된다.

다섯째, 주기적 예방점검을 통해 장비, 설비의 가동률 향상으로 생산성이 증대된다.

여섯째, 사고손실 위험감소로 인한 기업가치가 제고된다.

일곱째, 안전보건방침에 적합한지를 고객 등 이해관계자에게 입증하게 된다.

여덟째, 기업 이미지 개선으로 산업재해에 대한 사회적 불신이 해소된다.

1 2023 안전보건나침반/제조업, 안전보건공단

국내 인증현황

2024년 3월 기준 한국인정지원센터(KAB)에 등록된 국내에서 활동하고 있는 경영시스템인증기관은 72개이며, 이 중 ISO 45001 인증은 케이에스알인증원(KSR), (재)한국품질재단(KFQ), 한국생산성본부인증원(KPC-QA), 한국경영인증원(KMR), 한국표준협회(KSA), 시스템코리아인증원(SYSKO), 키와코리아(주), 에이케이이인증원(주) 등 현재 52개 인증기관이 활동하고 있다.

다음은 국내 인정기관인 한국인정지원센터(KAB) 홈페이지-KCN에 입력한 데이터에 근거한 인증 건수이다. ISO 45001의 경우 도입된 2018년 이래 급격히 증가하여 2023년도 인증 건수 10,436건으로 전체 ISO 인증 건수 51,270건

표 3.4 연도별 ISO 인증 건수(국내)

연도	인증 건수						
	ISO22301 (비즈니스 연속)	ISO9001 (품질경영)	ISO14001 (환경경영)	ISO45001 (안전보건)	ISO37001 (부패방지)	기타	계
2023	196	25171	**13482**	10436	481	1504	51270
2022	177	21872	**11615**	8470	397	1291	43822
2021	129	18192	**9339**	4001	266	876	32803
2020	96	15799	**8006**	2759	150	605	27415
2019	75	13716	**6892**	1953	90	459	23185
2018	68	12229	**6068**	1421	47	366	20199
2017	39	10724	**5295**	1184	12	316	17570
2016	7	9455	**4653**	978	–	235	15328

출처: 한국인정지원센터(http://www.kab.or.kr)

표 3.5 2023년 ISO 인증현황

Standards	Number certificates	Number sites
ISO 9001:2015(품질경영)	1265216	1666172
ISO 14001:2015(환경경영)	529853	744428
ISO 45001:2018(안전보건경영)	**397339**	**512069**
ISO IEC 27001:2013(정보보호경영)	71549	120128
ISO 22000:2018(식품안전경영)	45459	51535
ISO 13485:2016(의료기기품질경영)	29741	40449
ISO 50001:2018(에너지경영)	28164	55883
ISO 20000-1:2018(IT서비스경영)	27009	29616
ISO 37001:2016(부패방지경영)	5969	12837
ISO 22301:2012&2019(비즈니스연속성)	3200	10658
ISO 39001:2012(도로교통안전경영)	1550	3662
ISO 55001:2014(자산관리경영)	997	2449

출처 : ISO survey (2023.9)

의 20%를 점유하고 있다. 특히 2023년도 ISO 45001 인증 건수 10,436건 중 KSR인증원에서 1,568건 실시하여, ISO 45001 인증분야에서 15%를 점유하여 선도적인 위치에 있다 할 수 있다.

2018년에 도입된 ISO 45001 안전보건경영시스템은 급격히 증가하여 2023년도 전 세계에서 인증 건수 397,339건으로 품질, 환경경영시스템에 이어 3위를 점유하고 있으며, 국내 인증 건수는 10,436건으로 전 세계의 3%를 점유하고 있다.

교육현황

ISO 45001 인증심사원이 되기 위해서는 우선 연수기관의 인증심사원 양성 교육과정에 참여하여 4~5일 이상의 연수교육과정 수료 후 시험에 합격하여야 한다. 연수기관에서 경영시스템별 연수교육을 하기 위해서는 한국심사자격인증원 KAR 또는 PCAA 등에서 정한 기준 및 절차에 따라 승인을 받고 교육을 하여야 하는데, 현재 경영시스템별 승인된 연수기관은 〈표 3.6〉과 같으며, 안전보건분야의 ISO 45001 인증심사원 과정 연수교육은 KSR인증원, 한국표준협회, 한국품질재단 등 6개 인증심사원 양성교육기관에서 실시하고 있다.

필기시험에 합격한 후 〈표 1.10〉의 심사원 자격 인증기관[2]에 심사원보로 등록하여 20 M/D 이상의 심사참관을 하거나 인증심사원 양성교육기관에서 실

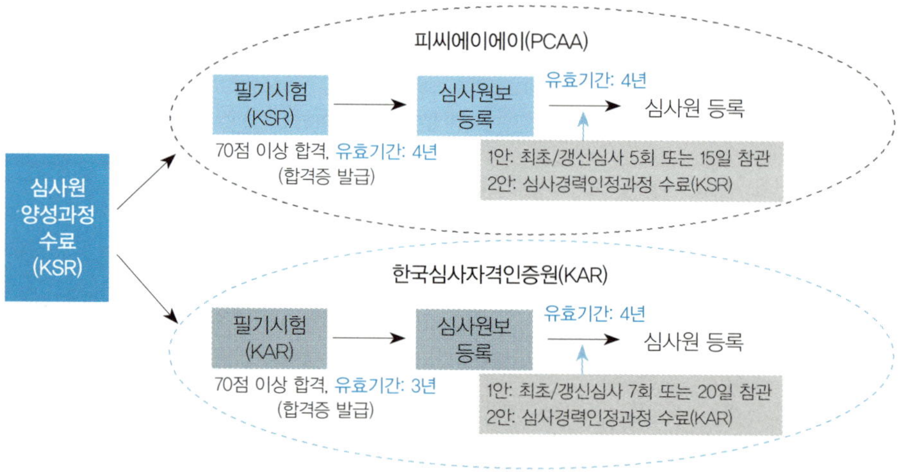

그림 3.4 인증심사원보 및 인증심사원 자격등록 절차도

2 심사원 자격 인증기관으로는 KAR, PCAA, GPC, IQCS 등 4개 기관이 있다(〈표 1.10〉 참조).

시하고 있는 4~5일 과정의 인증심사원보 심사경력인정 과정 실습 교육을 이수하면 심사원으로 등록하여 현장에서 심사업무에 직접 참여하게 된다.

표 3.6 경영시스템별 연수기관

연수기관	QMS (품질경영)	EMS (환경경영)	OHSMS (안전보건)	ISMS (정보보호)
한국표준협회(KSA)	O	O	O	O
한국품질재단(KFQ)	O	O	O	
로이드인증원(LRQA)	O			
한국가스안전공사(KGS)	O		O	
KSR인증원	O		O	O
대한상공회의소(KCCI)	O			
한국비시피협회(KBCPA)				
한국생산성본부(KPC)	O	O	O	
건설기술교육원(KICTE)	O	O	O	

연수기관	FSMS (식품안전)	EnMS (에너지)	GMS (녹색경영)	BCMS (재해경감)
한국표준협회(KSA)	O	O	O	O
한국품질재단(KFQ)	O	O	O	O
로이드인증원(LRQA)	O			
한국가스안전공사(KGS)				
KSR인증원		O		O
대한상공회의소(KCCI)				
한국비시피협회(KBCPA)				O
한국생산성본부(KPC)				
건설기술교육원(KICTE)				

출처: 한국심사자격인증원(http://www.kar.re.kr)

03 국내 ISO 22301 인증 현황

인증 현황

국제표준화기구(ISO, International Organization for Standardization)에서는 BCMS 분야의 국제표준인 ISO 22301의 국내·외 인정기관을 통한 국내 기업의 ISO 22301 인증 취득에 대한 국가별 통계를 매년 관리하고 있다. 2019년을 기준으로 국가별 ISO 22301 인증 취득 기업 수는 총 6,230개로, 인도(1,966개), 영국(609개), 미국(406개), 일본(301개) 순으로 인증 취득 기업 수가 많으며 한국은 7위(237개)로 3.8%의 수준을 보이고 있다. 그리고 2020년과 2021년에는 각각 4,662개와 5,695개의 기업이 이 인증을 획득했다. 이 중에서도 영국과 인도가 연이어 높은 수치를 기록했으며, 한국은 2019년 7위에서 18위로 내려갔다가 2021년에는 다시 4위로 올라섰다. 이러한 추세는 한국 기업들이 비즈니스연속성경영에 대한 중요성을 점차 깨닫고 있는 반증으로 해석될 수 있다.

〈표 3.7〉, 〈표 3.8〉, 〈표 3.9〉에 국가별 ISO 22301 인증현황을 정리하였다.

표 3.7 2019년도 ISO 22301 인증현황

순위	국가	인증 취득 기업 수	비중(%)
1	인도	1,966	31.6
2	영국	609	9.8
3	미국	406	6.5
4	일본	301	4.8
5	싱가포르	300	4.8
6	중국	291	4.7
7	한국	237	3.8
8	기타	2,120	34.0
합계		6,230	100.0

출처: ISO 2020 Survey

표 3.8 2020년도 ISO 22301 인증현황

순위	국가	인증 취득 기업 수	비중(%)
1	인도	601	12.9
2	중국	545	11.7
3	영국	340	7.3
4	미국	273	5.9
5	스페인	215	4.6
18	한국	95	1.8
	기타	2,289	49.1
합계		4,662	100.0

출처: ISO 2021 Survey

표 3.9 2021년도 ISO 22301 인증현황

순위	국가	인증 취득 기업 수	비중(%)
1	영국	851	14.9
2	인도	819	14.4
3	일본	306	5.4
4	한국	289	5.1
5	이집트	252	4.4
6	미국	233	4.1
7	기타	2,945	51.7
합계		5,695	100.0

출처: ISO 2022 Survey

2024년 3월 기준 한국인증지원센터(KAB)에 등록된 국내에서 활동하고 있는 인증기관은 약 165개이며 이 중 ISO 22301 인증기관은 케이에스알인증원(KSR), (재)한국품질재단(KFQ), 한국생산성본부인증원(KPC-QA), 한국경영인증원(KMR), 한국표준협회(KSA), 시스템코리아인증원(SYSKO), 키와코리아(주), 에이케이인증원(주) 등 현재 8개 인증기관이 활동하고 있다. 국내 인증 기준으로 지역별 인증 기업 수는 총 181개이며, 인증이 많은 지역은 경기(24%), 충남(11%), 경남(10%), 서울(9%) 순으로 높게 나타났다.

〈표 3.10〉은 국내 인정기관인 한국인증지원센터(KAB) 홈페이지-KCN에 입력한 데이터에 근거한 2024년 3월 기준 국내 지역별 ISO 22301 인증기업 현황을 정리한 표이다.

표 3.10 지역별 ISO 22301 인증기업 현황

지역	경기	충남	경남	서울	경북	대구	인천	울산	강원	기타	계
인증기업 수(개)	43	19	18	17	15	10	8	8	8	35	181
백분율 (%)	24	11	10	9.0	8.0	6.0	4.4	4.4	4.4	19	100

ISO 22301 인증은 2016년 완성차 대기업의 협력업체를 대상으로 시작되었으며, 이후 국내 자동차 부품 제조 분야에서 활발한 평가 및 획득 활동이 이루어졌다. 그러나 2023년까지의 인증 건수가 다른 인증과 비교했을 때 크게 증가하지 않은 것으로 보아, 성장 폭에 한계가 있다는 것을 알 수 있다. 특히 2023년에는 ISO 9001, ISO 14001, ISO 45001, 그리고 ISO 37001과 비교하여 매우 낮은 수준으로 나타났다. 이는 전체 인증 건수 중 0.38%에 해당하는 수치로, ISO 22301 인증의 상대적 부상도를 보여준다.

04 안전보건관리체계 구축과 안전성 확보방안

안전보건관리체계

안전보건관리체계란 기업 스스로 사업장 내 유해·위험요인을 파악하여 개선방안을 마련·이행하고, 이를 지속 개선하는 체계(System)를 뜻한다. 안전보건관리체계의 구축·이행이란 일하는 사람의 안전과 건강을 보호하기 위해 기업 스스로 위험요인을 파악하여 제거·대체 및 통제방안을 마련·이행하며, 이를 지속적으로 개선하는 일련의 활동을 말한다. 안전보건관리체계 구축·이행을 위해서는 다음과 같은 7가지 핵심요소를 고려하여야 한다.

① 경영자 리더십
② 근로자 참여
③ 유해위험요인파악
④ 유해위험요인 제거, 대체 및 통제
⑤ 비상조치

⑥ 도급관리

⑦ 전사적 평가 및 개선 등

7가지 핵심요소에 따르면 개인의 노력과 의지만으로는 중대재해를 예방할 수 없다. 즉, 사업주 또는 경영책임자 등의 안전보건관리체계 구축 의무를 주요 골자로 하고 있지만, 소규모 사업장의 해당 의무이행에 관하여 우려가 특히 큰 것이 사실이라 할 수 있다.

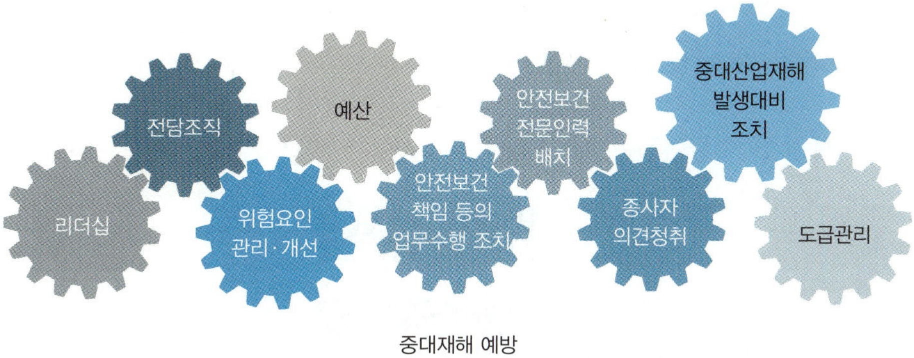

그림 3.5 안전보건관리체계의 구성요소

안전보건관리체계 구축 필요성

「중대재해 처벌 등에 관한 법률」(이하 중대재해처벌법)이 2022년 1월 27일부터 50인 이상 사업장에 전면 적용되었고, 2024년 1월 27일부터는 5인 이상 사업장으로 그 적용 대상이 확대되었다. 「중대재해처벌법」 제정으로 안전보건관리체계의 구축과 이행의 중요성이 높아졌다. 「중대재해처벌법」 제정에 따라

('22년 1월부터 단계적으로 시행) 경영자는 안전보건관리체계를 구축하고 이행해야 한다. 안전보건관리체계를 제대로 구축하지 않거나 이행하지 않아 중대산업재해에 이르게 한 경영자는 1년 이상의 징역 또는 10억 원 이하의 벌금에 처한다.

한편 안전보건관리체제(Organization)란 〈그림 3.6〉과 같이 안전보건관리를 효율적으로 하기 위한 조직체제, 즉 산업안전보건법상의 안전보건 조직을 말한다.

일하는 사람의 안전과 건강을 보호하기 위해 사업장 스스로 위협요인을 파악하여 제거·대체 및 통제방안을 마련·이행하며, 이를 지속적으로 개선하는

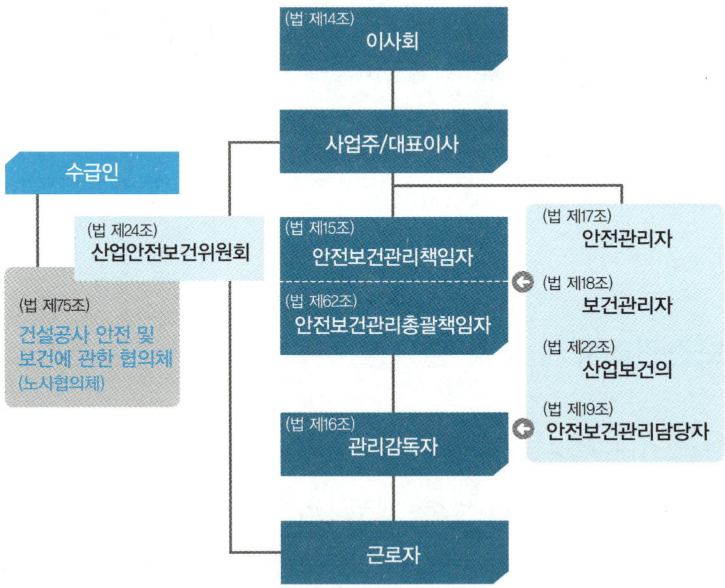

그림 3.6 사업장의 안전보건관리 조직도(예시)

일련의 활동을 말한다. 개인의 노력과 의지만으로는 산업재해를 예방할 수 없다. '사람은 실수하고, 기계는 고장난다'라는 사실을 인정하고, 안전보건관리체계를 만들어야 한다. 특히 일하는 사람의 생명·건강 보호는 경영자의 기본적인 의무이다. 사람의 생명은 무엇보다도 소중한 가치이기 때문이다.

안전한 환경에서 근무할 수 있는 권리는 헌법이 보장하는 기본권이며, 중대재해가 발생하면 어떠한 방법으로도 원위치로 돌아가기가 불가능하다. 즉 인간의 생명은 가역적이지 않다는 것이다.

[헌법 제32조제1항]
① 모든 국민은 근로의 권리를 가진다. (이하 생략)
③ 근로조건의 기준은 인간의 존엄성을 보장하도록 법률로 정한다.

근로의 권리가 '일할 자리에 관한 권리'만이 아니라, '일할 환경에 관한 권리'도 함께 내포하고 있는바, 후자는 인간의 존엄성에 대한 침해를 방어하기 위한 자유권적 기본권의 성격도 갖고 있어 건강한 작업환경, 일에 대한 정당한 보수, 합리적인 근로조건의 보장 등을 요구할 수 있는 권리 등을 포함한다(헌법재판소 2007. 8. 30. 2004헌마670 전원재판부).

① 안전보건관리는 사업장의 사회적 책임이며, 경쟁력 제고의 첫걸음이다.

최근 ESG에 대한 사회적 관심이 높아지고 있으며 경영자의 안전보건관리는 ESG의 기본이라 할 수 있다. 기업의 비재무적 요소인 환경(Environmental), 사회(Social), 지배구조(Governance) ESG 의무공시와 관련하여, 한국거래소는 사회(S) 분야에 산업재해를 명시하고, 업무상 사망·부상·질병 건수와 조치내용을 명시하도록 권고하고 있다.

미국 US steel사는 1806년 계속되는 산업재해를 줄이기 위해, '생산제일'이었던 경영방침을 안전제일(Safety First), 품질제이(Quality Second), 생산제삼(Production Third)으로 바꾸고 작업환경을 정비했다. 그 결과, 산업재해가 감소하고 품질과 생산성이 향상되었다.

근로계약 등에 안전보건에 관한 특별한 내용이 없더라도, 사용자에게는 근로자의 생명·신체·건강을 보호할 포괄적 의무(안전배려 의무)가 있다. 사용자는 근로계약에 수반되는 신의칙상의 부수적 의무로서 피용자가 노무를 제공하는 과정에서 생명, 신체, 건강을 해치는 일이 없도록 인적·물적 환경을 정비하는 등 필요한 조치를 강구하여야 할 보호의무를 부담하고, 이러한 보호의무를 위반함으로써 피용자가 손해를 입은 경우 이를 배상할 책임이 있다(대법원 2000. 5. 16., 선고, 99다47129, 판결).

② 안전보건관리는 경영의 일부이며. 안전은 비용이 아닌 투자이다

산업재해가 발생하면 심각한 작업차질과 함께 품질, 생산성 및 기업 이미지에 부정적 영향을 미친다. △ 산업재해에 따른 경제적 손실 추정액: 29조 9,841억 원, 근로손실일수: 5,534만 일('20년)

③ 산업안전보건관리! 이제는 달라져야 한다.

재해예방에 필요한 인력 및 예산 등 안전보건관리체계의 구축 및 그 이행에 관한 조치는 필수 요소로 자리 잡았다. 과거에는 안전보건 감독을 받거나 산재가 발생하고 나서야 문제를 해결하는 등, '소 잃고 외양간 고치는' 식의 관행이 일반적인 경우도 있었으며 산업재해 예방 목적이 아닌 형벌이나 과태료를 피하기 위해 안전보건 활동을 형식적으로 하는 경우도 많았다. 하지만 산업재해로 인한 피해와 손실은 기업의 생존을 위협할 수 있다. 임기응변식이 아닌 실질적인 예방활동이 필요하다. 법령에서 정한 기준을 넘어, 기업별 작업환경과 재정적·기술적 여건에 맞는 안전보건관리체계를 구축하는 것이 바람직하다고 할 수 있다.

안전보건관리체계 구축 요령

사업장에 따라 보유한 기계·기구 및 공정과 작업방법 등이 모두 다르므로 사업장 여건에 맞게 구축하여야 한다. 기술적 역량이 부족하고, 재정적 여건이 어려운 사업장은 기초적인 안전보건 조치부터 시작하여야 한다. 공정이 복잡하고, 위험요인이 많은 사업장은 공식적이고 구체적인 안전보건관리체계를 구축하여야 함은 당연하다.

✓사업장에 따라 보유한 기계·기구 및 공정과 작업방법 등이 모두 다르므로 사업장 여건에 맞게 구축한다.
✓기술적 역량이 부족하고, 재정적 여건이 어려운 사업장은 기초적인 안전보건 조치부터 시작한다.
✓공정이 복잡하고, 위험요인이 많은 사업장은 공식적이고 구체적인 안전보건관리체계를 구축한다.

	전통적 안전보건 활동	안전보건관리체계
동기	처벌 회피 → 수동적	성과 달성 → 적극적
책임	안전보건 담당자	경영자
평가	외부점검(고용노동부 등)	자체 점검
목표	처벌 회피	안전하고 쾌적한 작업환경 조성

안전보건관리체계 구축을 위한 7가지 핵심요소는 다음과 같다.

① 위험요인 파악

- 위험요인에 따른 정보를 수집하고 정리한다.
- 산업재해 및 아차사고를 조사한다.
- 위험기계·기구·설비 등을 파악한다.
- 유해인자를 파악한다.
- 위험장소 및 작업형태별 위험요인을 파악한다.

② 위험요인 제거 · 대체 및 통제

- 위험요인별 위험성을 평가한다.
- 위험요인별 제거·대체 및 통제방안을 검토한다.
- 종합적인 대책을 수립하고, 이행한다.
- 교육훈련을 실시한다.

③ 경영자리더십

- 안전보건경영 방침을 수립한다.
- 안전보건에 필요한 자원(인력·시설·장비)을 배정한다.
- 구성원의 권한과 책임을 정하고, 참여를 독려한다.

④ 근로자의 참여

- 안전보건관리 전반에 관한 정보를 공개한다.

- 모든 구성원이 참여할 수 있는 절차를 마련한다.
- 자유롭게 의견을 제시할 수 있는 문화를 조성한다.

⑤ 비상조치계획 수립

- 중대산업재해 조치 매뉴얼을 마련한다.
- 비상조치계획 및 대피훈련을 실시한다.

⑥ 도급 · 용역 · 위탁 시 안전보건 확보

- 산업재해 예방 능력을 갖춘 사업주를 선정한다.
- 안전보건관리체계 구축·운영 시 사업장 내 모든 구성원이 보호받을 수 있도록 한다.

⑦ 평가 및 개선

- 안전보건 목표를 설정하고 관리한다.
- '안전보건관리체계'가 제대로 운영되는지 점검한다.

따라서 안전보건관리체계의 구축의 기본적인 요구사항은 안전보건경영시스템·문서작성·활동기록이 필수라 할 수 있다. 안전보건관리체계는 기업 스스로가 위험요인을 파악해 제거하고, 대체방안과 통제방안을 마련해 이행하고, 이를 지속적으로 개선하는 일련의 활동을 위한 시스템을 의미한다. 특히 중대재해처벌법 제4조에서는 사업주나 경영책임자 등에게 안전보건관리체계 구축을 의무화할 것을 명시했다.

표 3.11 작업 전 안전회의와 안전제안 활동

작업 전 안전미팅 활동(TBM)	안전제안 활동
[개요] 작업시작 전, 현장에서 소규모로 단시간에 실시하는 회의로 안전확보를 위한 세부 작업 방법 등을 논의하고 결정	[개요] 근로자에게 정기적(또는 상시적)으로 위험관리를 위한 의견을 제안받는 활동
[유의사항] 관리감독자는 주요 위험요인을 공유하고 자유로운 토의를 유도 • '안전한 작업방법' 선택을 목적으로 논의 • 가급적 전원이 합의한 작업방법으로 결정 • 회의 종료 전, 관리감독자는 기본 안전수칙 준수, 개인보호구 착용 등을 재강조 • 이행결과, 안전보건이 확보되고 효율적인 경우에는 공식적인 작업절차에 반영	[유의사항] 제안 형식은 간소화하고, 제안을 독려하는 분위기를 조성 • 제안 채택 여부는 공식적으로 결정(사내 심사위원회 구성 등) • 채택된 제안은 공개하고, 우수 제안자에게 표창 등 인센티브 부여 • 모든 제안은 기록으로 남기고, 향후 안전보건관리체계 개선 등에 활용

만약 안전보건관리체계를 구축하지 않은 사업장에서 중대재해가 발생할 경우, 중대재해처벌법을 위반한 것이 되어 대표이사 등 경영책임자는 관련 법령에 따라 처벌받을 수 있다. 문제는 현실적으로 중대재해 발생을 완벽하게 통제할 수 없다는 점이다. 이 부분이 중소 건설업체가 가장 크게 우려하는 대목이다. 이러한 우려를 해소하기 위해 각 회사들이 준비해야 할 사항이 바로 사업장 내 안전보건관리체계 구축이라 할 수 있다. 안전보건관리체계를 구축하는 것이 향후 중대재해가 발생하더라도 중대재해 처벌을 최소화할 수 있는 사실상 유일한 방안이자 핵심 사안이기 때문이다.

① 안전보건경영시스템 도입

안전보건전담 조직을 구성할 수 있는 대기업, 중견기업은 자체 준비를 통해 중대재해처벌법에 대응할 수 있지만, 소규모 사업장에서 관련 정보를 구하는 것조차 쉽지 않다는 게 현실이다. 이런 상황에서 많은 사업장에서 활발하게 채택한 제도가 '안전보건경영시스템 인증제도'이다.

안전보건공단에서는 각 사업장의 안전보건경영시스템 구축을 통한 선진화된 산업안전보건법령 준수 시스템을 확립하기 위해 지난 2018년 3월 국제표준기구(ISO)에서 공표한 ISO 45001 안전보건경영시스템 국제표준에 맞춰 'KOSHA-MS 안전보건경영시스템 인증제도'로 전환해 시행 중이다. 이 제도가 중대재해예방, 산업안전보건법을 준수하기 위한 '안전보건관리체계' 확립의 기초가 된다.

안전보건공단으로부터 인증을 받지 않는다고 하더라도 해당 안전보건경영시스템 구축을 위한 ISO 45001 인증시스템 인증 등의 인증절차에 준하는 과정을 사업장 내에서 진행하고 규격화된 안전보건경영시스템 매뉴얼을 구비하는 것도 가능하다.

② 안전보건경영 문서 작성

사업장이 안전보건경영 방침을 준수하는지를 확인하기 위해서는 관련 기록을 확인할 수 있는 자료가 요구된다. 이를 위해 각 사업장에서는 안전보건경영 매뉴얼, 지침서 등 안전보건경영 방침의 각 제반사항을 문서화해야 한다. 이 문서들은 ISO45001 또는 KOSHA-MS 안전보건경영시스템을 처음 구축하고 인증을 받고자 할 때도 요구되는 자료들이다. 안전보건경영시스템 문서는 △안전보건매뉴얼 △안전보건절차서 △안전보건지침서 △작업표준서 등으로 구성된다.

구체적으로 보면 안전보건매뉴얼은 회사 전반의 안전문화의 기초를 규범하는 자료로, 안전문화를 구축하기 위한 공통의 방법이나 순서에 의해 업무를 수행할 수 있도록 표준화한 서류다. 특히 안전보건경영시스템 요구사항, 안전보건경영시스템에 대한 기본방침과 요구사항이 담긴다.

안전보건 절차서의 경우, 말 그대로 안전보건 경영활동을 수행하기 위한 절차를 규정하는 서류로, 안전보건경영시스템 문서의 핵심 역할을 한다. 여기에는 업무수행 방법과 순서를 기술한 문서, 안전보건 관련 활동에 대한 전반적인 계획 및 통제를 위한 문서 등이 담긴다. 또 업무 주관부서와 관련 부서 간의 책임과 권한, 업무관리 기준 등을 명확히 기재해야 한다. 지침서는 가장 하위 문서로, 실제 현장에서 수행되는 단위작업을 구체적으로 기술하고, 현장에서 수행하는 공정과 직무를 기초로 작성된다.

③ 안전보건활동 기록물

안전보건경영시스템과 안전보건 경영문서 등을 갖춘 이후에는 각 개별 활동에 대한 증거를 기록으로 남겨야 한다. 이 기록물은 각 경영지침 등에 따라 구성원이 달성한 결과를 명시하거나 활동 증거를 제공하게 된다.

기록 대상은 △안전보건경영시스템 계획 수립과 관련된 결과물 △안전보건경영시스템의 지원과 관련된 결과물 △안전보건경영시스템의 실행 및 점검과 관련한 결과물 등이다. 이 서류들은 목록화할 뿐 아니라 보존기간을 정해 유지해야 한다. 또 경영자, 근로자, 이해관계자가 언제든 읽을 수 있고, 추적이 가능해야 한다.

④ 안전보건 활동

안전보건 성과를 높이기 위해 회사는 안전보건경영시스템을 시행, 유지, 개선해야 한다. 조직을 구성하고, SWOT[3] 분석 등을 통해 개선사항 등을 파악할 뿐 아니라 위험성평가 실시를 위한 계획의 수립 등 사전준비를 철저히 시행하여 위험요인을 파악하고 리스크를 관리하는 것이 중요하다. 이 밖에 위험성평가 담당자 교육 등의 지원서비스를 통하여 중대재해 예방을 위한 지원 활동도 전개함으로써 안전보건 의식제고와 더불어서 안전보건 수준향상을 도모하여야 한다.

위험성평가 중심의 안전보건관리체계 구축

1. 위험성평가

"위험성평가"란 사업주가 스스로 유해·위험요인을 파악하고 해당 유해·위험요인의 위험성 수준을 결정하여, 위험성을 낮추기 위한 적절한 조치를 마련하고 실행하는 과정을 말한다.

2. 위험성평가 사전준비

① 사업주는 위험성평가를 효과적으로 실시하기 위하여 최초 위험성평가 시 다음 각 호의 사항이 포함된 위험성평가 실시규정을 작성하고, 지속적으로 관리하여야 한다.

3 SWOT: 강점(strength), 약점(weakness), 기회(opportunity), 위기(threat)의 앞글자를 따서 SWOT 분석이라 함.

a. 평가의 목적 및 방법

b. 평가담당자 및 책임자의 역할

c. 평가시기 및 절차

d. 근로자에 대한 참여·공유방법 및 유의사항

e. 결과의 기록·보존

② 사업주는 위험성평가를 실시하기 전에 다음 각 호의 사항을 확정하여야 한다.

a. 위험성의 수준과 그 수준을 판단하는 기준

b. 허용 가능한 위험성의 수준(이 경우 법에서 정한 기준 이상으로 위험성의 수준을 정하여야 한다)

③ 사업장 안전보건정보를 사전에 조사하여 위험성평가에 활용하여야 한다.

a. 작업표준, 작업절차 등에 관한 정보

b. 기계·기구, 설비 등의 사양서, 물질안전보건자료(MSDS) 등의 유해·위험요인에 관한 정보

c. 기계·기구, 설비 등의 공정 흐름과 작업 주변의 환경에 관한 정보

d. 법 제63조에 따른 작업을 하는 경우로서 같은 장소에서 사업의 일부 또는 전부를 도급을 주어 행하는 작업이 있는 경우 혼재 작업의 위험성 및 작업 상황 등에 관한 정보

e. 재해사례, 재해통계 등에 관한 정보

f. 작업환경측정결과, 근로자 건강진단결과에 관한 정보

g. 그 밖에 위험성평가에 참고가 되는 자료 등

3. 위험성평가 방법

사업장의 규모와 특성 등을 고려하여 다음 각 호의 위험성평가 방법 중 한 가지 이상을 선정하여 위험성평가를 실시할 수 있다.

① 위험 가능성과 중대성을 조합한 빈도·강도법

② 체크리스트(Checklist)법

③ 위험성 수준 3단계(저·중·고) 판단법

④ 핵심요인 기술(One Point Sheet)법

⑤ 그 외 규칙 제50조 제1항 제2호 각 목의 방법

4. 유해·위험요인 파악

사업주는 사업장 내의 제5조의2에 따른 유해·위험요인을 파악하여야 한다. 이때 업종, 규모 등 사업장 실정에 따라 다음 각 호의 방법 중 어느 하나 이상의 방법을 사용하되, 특별한 사정이 없으면 제1호에 의한 방법을 포함하여야 한다.

① 사업장 순회점검에 의한 방법

② 근로자들의 상시적 제안에 의한 방법

③ 설문조사·인터뷰 등 청취조사에 의한 방법

④ 물질안전보건자료, 작업환경측정결과, 특수건강진단결과 등 안전보건자료에 의한 방법

⑤ 안전보건 체크리스트에 의한 방법

⑥ 그 밖에 사업장의 특성에 적합한 방법

5. 위험성평가의 실시 시기

① 최초 위험성평가

사업이 성립된 날(사업 개시일을 말하며, 건설업의 경우 실착공일을 말한다)로부터 1개월이 되는 날까지 제5조의2제1항에 따라 위험성평가의 대상이 되는 유해·위험요인에 대한 최초 위험성평가의 실시에 착수하여야 한다.

② 수시 위험성평가

재해발생 작업을 대상으로 작업을 재개하기 전에 실시하여야 한다.

a. 사업장 건설물의 설치·이전·변경 또는 해체

b. 기계·기구, 설비, 원재료 등의 신규 도입 또는 변경

c. 건설물, 기계·기구, 설비 등의 정비 또는 보수(주기적·반복적 작업으로서 이미 위험성평가를 실시한 경우에는 제외)

d. 작업방법 또는 작업절차의 신규 도입 또는 변경

e. 중대산업사고 또는 산업재해(휴업 이상의 요양을 요하는 경우에 한정) 발생

f. 그 밖에 사업주가 필요하다고 판단한 경우

③ 정기 위험성평가

기 실시한 위험성평가의 결과에 대한 적정성을 1년마다 정기적으로 재검토하여야 한다.

재검토 결과 허용 가능한 위험성 수준이 아니라고 검토된 유해·위험요인에 대해서는 위험성 감소 대책을 수립하여 실행하여야 한다.

a. 기계·기구, 설비 등의 기간 경과에 의한 성능 저하

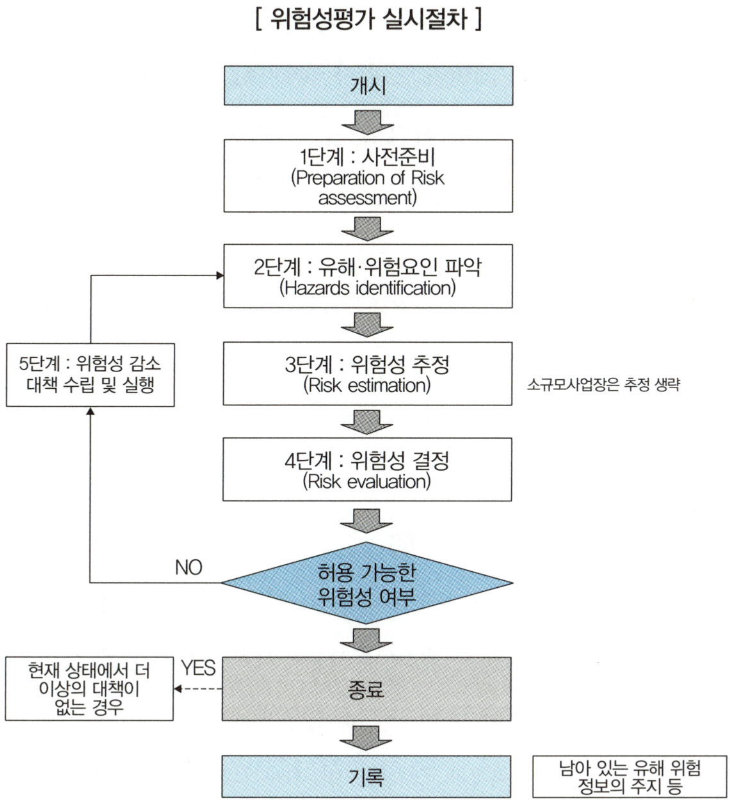

그림 3.7 위험성평가 절차도

b. 근로자의 교체 등에 수반하는 안전·보건과 관련된 지식 또는 경험 변화

c. 안전·보건과 관련되는 새로운 지식의 습득

d. 현재 수립되어 있는 위험성 감소대책의 유효성 등

④ 상시 위험성평가

사업주가 사업장의 상시적인 위험성평가를 위해 다음 각 호의 사항을 이행

하는 경우 수시평가와 정기평가를 실시한 것으로 본다.

a. 매월 1회 이상 근로자 제안제도 활용, 아차사고 확인, 작업과 관련된 근로자를 포함한 사업장 순회점검 등을 통해 사업장 내 유해·위험요인을 발굴하여 제11조의 위험성결정 및 제 12조의 위험성 감소대책 수립·실행을 할 것.

b. 매주 안전보건관리책임자, 안전관리자, 보건관리자, 관리감독자 등(도급사업주의 경우 수급사업장의 안전·보건 관련 관리자 등을 포함한다)을 중심으로 제1호의 결과 등을 논의·공유하고 이행상황을 점검할 것.

6. 위험성 감소대책 수립 및 실행

① 허용 가능한 위험성이 아니라고 판단한 경우에는 위험성의 수준, 영향을 받는 근로자 수 및 다음 각 호의 순서를 고려하여 위험성 감소를 위한 대책을 수립하여 실행하여야 한다. 이 경우 법령에서 정하는 사항과 그 밖에 근로자의 위험 또는 건강장해를 방지하기 위하여 필요한 조치를 반영하여야 한다.

a. 위험한 작업의 폐지·변경, 유해·위험물질 대체 등의 조치 또는 설계나 계획 단계에서 위험성을 제거 또는 저감하는 조치

b. 연동장치, 환기장치 설치 등의 공학적 대책

c. 사업장 작업절차서 정비 등의 관리적 대책

d. 개인용 보호구의 사용

이러한 감소대책 중에서 위의 제1호 제거 및 대체 방법 및 제2호 공학적 대

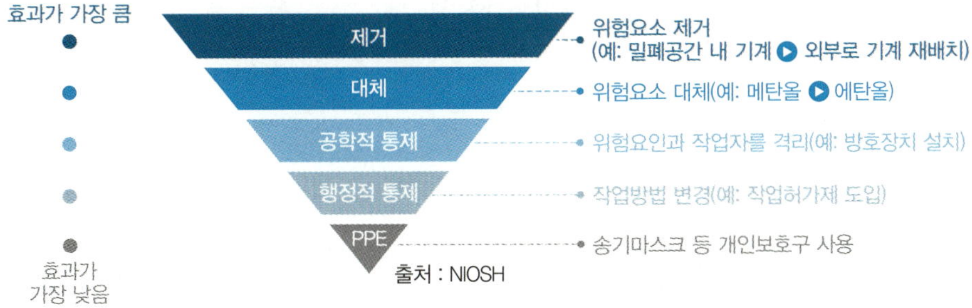

● 위험요인별 제어방안은 제거 ▶ 대체 ▶ 통제 순으로 검토

위험요인의 제거·대체 및 통제

- **(제거)** 밀폐공간 내 작업이 필요 없도록 구조 변경 등 위험요소를 물리적으로 제거
- **(대체)** 메탄올을 에탄올로 대체하는 등 위험성이 낮은 위험요인으로 대체
- **(공학적 통제)** 방호장치의 설치, 환기장치 등을 통해 위험요소와 작업자를 격리
- **(행정적 통제)** 작업절차서 정비, 작업허가제 도입 등 작업방법을 변경

그림 3.8 유해위험요인별 감소대책의 수립방안

책 위주로 수립하여 실효성을 높여야 하며 가급적으로 제3호 및 제4호는 최소화하거나 임기응변적 대응은 하지 않도록 집중하여야 한다.

② 사업주는 위험성 감소대책을 실행한 후 해당 공정 또는 작업의 위험성의 수준이 사전에 자체 설정한 허용 가능한 위험성의 수준인지를 확인하여야 한다.

③ 제2항에 따른 확인 결과, 위험성이 자체 설정한 허용 가능한 위험성 수준으로 내려오지 않는 경우에는 허용 가능한 위험성 수준이 될 때까지 추가

의 감소대책을 수립·실행하여야 한다.

④ 사업주는 중대재해, 중대산업사고 또는 심각한 질병이 발생할 우려가 있는 위험성으로서 수립한 위험성 감소대책의 실행에 많은 시간이 필요한 경우에는 즉시 잠정적인 조치를 강구하여야 한다.

표 3.12 위험요인별 제거 · 대체 · 통제방안

위험요인	제거 · 대체	공학적 통제
건설현장 개구부	설계·시공 시 개구부 최소화	안전난간 또는 덮개 설치
끼임 위험 기계·기구	끼임 위험이 없는 자동화 기계 도입	덮개 등 방호장치 설치
유해화학물질	유해물질 제거 또는 저독성물질로 대체 *예: 메탈올→에탄올	국소배기장치 설치, 누출방지조치 등
인화성 가스	인화성 완화 *예: 아세틸렌→LPG	전기설비 방폭 조치(점화원 관리), 가스검지기 · 긴급차단 장치 연동 설치, 환기 · 배기장치 설치
밀폐공간	밀폐공간 내부 기계·기구 제거 *예: 내부모터→외부모터	환기 · 배기장치 설치, 유해가스 경보기 설치
위험요인	**행정적 통제**	**PPE 방안**
건설현장 개구부	'추락 위험' 표지판 설치	안전모·안전대 착용
끼임 위험 기계·기구	'Lock Out, Tag Out' 작업허가제 도입	말려 들어갈 위험이 없는 작업복 착용
유해화학물질	작업절차서 준수, 작업환경측정을 통한 노출 관리	방독마스크, 내화학장갑, 보안경 등 착용
인화성 가스	작업절차서 준수, 정비작업허가제 도입	제전작업복 착용, 가스검지기 휴대, 방폭공구 사용
밀폐공간	출입금지 표지판 설치, 작업허가제 도입, 감시인 배치	송기마스크

4장

안전한 국가를 지향하는 통찰과 전망

01 한국의 안전 현황에 대한 통찰

산업재해 현황분석

산업재해에서 중요하게 보는 지표는 재해율, 사고성 사망만인율, 사망자수, 업무상 질병자수 등이다. 재해율은 산재보험적용근로자수 100명당 발생하는

표 4.1 산업재해 현황(2015~2023년) (단위: 명, %)

구분	2015	2016	2017	2018	2019	2020	2021	2022	2023
(전체) 재해율	0.50	0.49	0.48	0.54	0.58	0.57	0.63	0.65	0.66
300인 미만 사업장 재해율	0.58	0.57	0.55	0.60	0.64	0.62	0.68	0.68	0.70
사고성 사망 만인율(‱)	0.53	0.53	0.52	0.51	0.46	0.46	0.43	0.43	0.39
사망자수	1,810	1,777	1,957	2,142	2,020	2,062	2,080	2,223	2,016
업무상 질병 자수	7,919	7,876	9,183	11,473	15,195	15,996	20,435	23,134	23,331

출처: 고용노동부, 산업재해 현황분석

재해자수(사고 재해자수 + 질병 재해자수)의 비율(%)을 말하고, 사고성 사망만인율(‱)은 산재보험적용 근로자수 10,000명당 발생하는 업무상 사고 사망자 수(명)의 비율을 말한다. 2015년 이후 재해율과 사고성 사망만인율을 보면 〈표 4.1〉과 같다.

〈표 4.1〉의 통계에 대하여 그 추세를 눈으로 보기 쉽도록 연도별 그래프로 그려보면 〈그림 4.1〉과 같다. 사고성 사망만인율은 2015년 이후 서서히 감소하고 있는 추세를 보이고 있다. 그러나 전체 재해율은 2015년 이후 서서히 감소하다가 2021년부터 갑자기 상승하는 패턴을 보이고 있다. 이는 주로 300인 미만 사업장 재해율이 2021년부터 증가하기 시작한 것이 주요 요인으로 보인다. 이에 따라 사망자수와 업무상 질병자수도 2021년 이후 증가하는 현상을 보이고 있다.

한국과 OECD 주요국의 산업재해를 비교하기 위해 〈그림 4.2〉에서 '치명

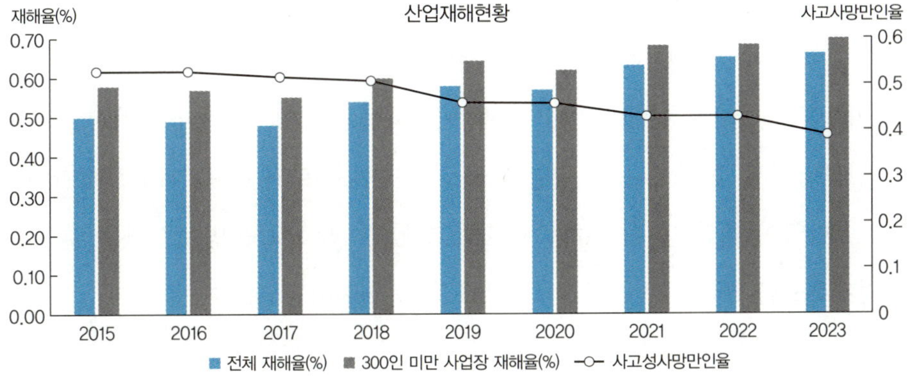

그림 4.1 산업재해 현황 (2015~2023)

출처: 고용노동부, 산업재해 현황분석

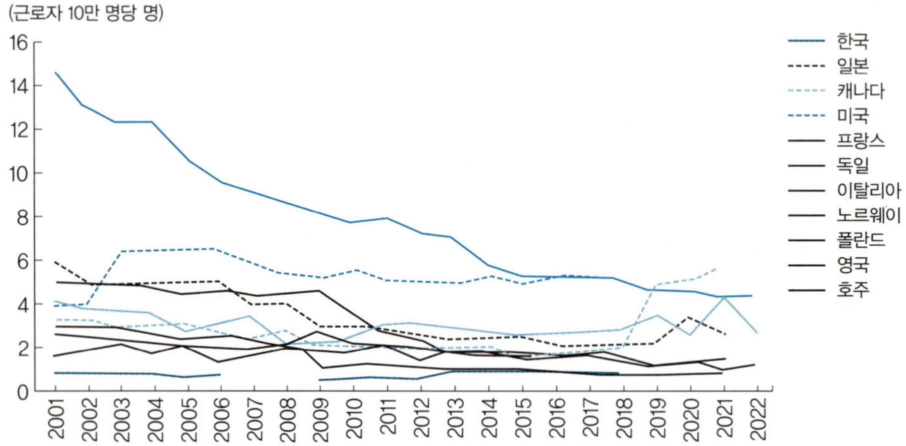

그림 4.2 OECD 주요 국가의 근로자 10만 명당 치명적 산업재해자수 비교(2001~2022)

주1: '치명적 산업재해'는 사고발생이로부터 1년 이내에 사망이 발생한 산업 사고의 결과로, 재해도수율, 재해강도율, 사망십만인율 등으로 측정함. 한국은 업무상사고 사망십만이율을 나타냄.

출처: 총계청. "근로자 10만 명당 치명적 산업재해 수(OECD회원국)". 국가통계포털, 2023.10.

* 이 그림은 통계청 「한국의 사회동향 2023」에도 있음.

적 산업재해(사고발생일로부터 1년 이내에 사망이 발생한 산업재해)'로 근로자 10만 명당 명수를 살펴보겠다. 한국은 2001년부터 2016년까지 OECD국 중 최고 수준을 기록하였으나 차츰 감소하는 추세를 보이고 있으며, 2017년 이후부터는 미국과 캐나다가 한국과 비슷한 수준을 보이고 있다. 그러나 전반적으로 치명적 산업재해 중 근로자 만 명당 사고로 사망한 근로자 수 즉 사고사망만인율(‱)이 한국이 제일 높은 수준을 유지하고 있다. 참으로 불명예스러운 일이며, 산업재해율을 줄이는 것은 한국의 국가적 과제가 아닐 수 없다.

'한국의 안전보고서 2023'에 의한 전반적 안전 현황과 진단

안전(safety)은 모든 나라, 모든 국민에게 대단히 중요한 과제이므로 유엔 산하 국제노동기구(ILO, International Labour Organization)는 세계 안전의 날을 매년 4월 28일로 지정하여 안전의식을 전 세계적으로 고취시키고 있다. 우리나라도 안전의 날을 기념하며 우리 사회 안전 현황을 두루 살펴볼 수 있는 한국의 안전보고서를 매년 발간하고 있다. 올해에도 지난 2024년 4월 26일 통계청에서 「한국의 안전보고서 2023」을 발간하여 우리나라의 안전에 관한 상황을 상세히 보여주고 있다.

이 보고서는 자연재난, 사회재난, 산업재해 등 안전과 관련이 있는 모든 지표를 포함하고 있다. 이 보고서는 〈표 4.2〉와 같이 안전을 위해·환경요인, 취약요인, 대응역량, 피해(영향) 등 4개 영역으로 구분하고 있으며, 각 영역을 대표하는 총 60개 지표의 측정 결과와 추세 변화를 담고 있다. 2023년에 60개 지표 중 22개 지표는 개선되었으나, 22개 지표는 악화된 것으로 나타났다.

대표적인 지표만 살펴보면, 위해·환경요인에서 범죄 발생률은 2022년에 10만 명당 1,952건이나 이는 2021년의 1,777건보다 9.8% 증가(악화)한 것이다. 성폭력범죄 발생건수는 2022년에 41,433건으로 2021년의 32,898건보다 25.9% 큰 폭으로 증가(악화)한 것이다. 취약요인 지표 중에서 아동학대 피해경험률은 2022년에 10만 명당 384.7건으로 2021년의 501.9건보다 23.4% 감소(개선)하였다.

다음으로 대응역량 요인 중에서 경찰 및 소방관 1인당 주민 수를 보면 2022년에는 경찰은 393명, 소방관은 780명으로 2021년의 경찰 400명, 소방관 807

표 4.2 '한국의 안전보고서 2023' 안전지표들

위해 · 환경요인	취약요인
1.1 범죄발생률 1.2 사이버범죄 발생건수 1.3 사이버 침해사고 경험률 1.4 성폭력범죄 발생건수 1.5 화재 건수 1.6 1인당 자동차 등록대수 1.7 온실가스 배출량 1.8 위험기상일수 1.9 미세먼지(PM 2.5) 농도 1.10 대기 중 오존 오염도 1.11 1인1일 생활계폐기물 발생량 1.12 체내 환경유해물질 노출 수준 1.13 야간보행 안전도 1.14 사회안전 인식도	2.1 등록장애인 수 2.2 노령화지수 2.3 독거노인 비율 2.4 국내 체류 외국인 수 2.4 지니계수 2.6 실업률 2.7 범죄피해율 2.8 배우자에 의한 폭력 경험률 2.9 아동학대 피해 경험률 2.10 우울감 경험률 2.11 사회적 고립도 2.12 최저주거기준 미달가구 비율 2.13 음주운전 경험률 2.14 월간 음주율 2.15 자해 및 자살 시도건수
대응역량	**피해(영향)**
3.1 경찰 1인당 주민수 3.2 소방관 1인당 주민수 3.3 구조·구급대원 1인당 주민수 3.4 총 병원 병상수 3.5 안전띠 착용률 3.6 이륜차 안전모 착용률 3.7 산재보험 적용 근로자수 3.8 풍수해보험 가입건수 3.9 아동 안전교육 경험률 3.10 1인당 도시공원 조성면적	4.1 사고사 등에 의한 사망률 4.2 운수사고 사망률 4.3 낙상 사망률 4.4 익수사고 사망률 4.5 가해에 의한 사망률 4.6 중독 사망률 4.7 화재 사망률 4.8 자살률 4.9 사고로 인한 병원 입원율 4.10 낙상 입원율 4.11 운수사고 입원율 4.12 자연재난 인명피해 4.13 자연재난 피해액 4.14 사회재난 인명피해 4.15 사회재난 피해액 4.16 산업재해 사망률 4.17 산업재해율 4.18 보이스피싱 피해액 4.19 법정감염병 발생건수 4.20 식중독 발생건수 4.21 온열질환자 수

출처: 통계청 통계개발원

명보다 각각 1.7%, 3.3% 감소(개선)한 것으로 조사되었다. 피해(영향) 요인에서 자연재난 인명피해(사망[실종]자 수)는 2022년에 64명으로 2021의 42명보다 대폭 52.4% 증가(악화)한 것이고, 사회재단 인명피해(사망[실종]자 수)는 2022년에 26,576명으로 2021년의 5,063명보다 무려 5.25배나 증가(악화)한 수치이다. 사회재난 인명피해를 좀 더 자세히 살펴보자.

2022년 사회재난 인명피해가 전년 대비 크게 증가하였는데, 이는 COVID(코로나)−19와 이태원 참사(2022년 10월 29일)가 증가의 주 원인이다. 2022년 코로나19 감염으로 26,373명이 사망했고, 이태원 참사로 159명이 사망, 334명이 부상하는 등, 큰 피해가 발생했다. 이를 2013년 이후 사회재난 인명피해 현황 추세를 살펴보면 〈표 4.3〉과 같다. 2020~2021년에 사망(실종)자 수가 크게 증가한 이유도 코로나19 때문이다. 코로나19는 국제적인 질병이므로 어찌할 수 없다 하더라도, 이태원 참사 같은 인명피해는 절대로 재발해서는 안 될 사회재난으로 사전에 발생하기 전에 철저한 대비가 필요하다.

다음으로 가해에 의한 사망률을 살펴보자. 2021년 가해에 의한 사망률은 10만 명당 0.7명, 2022년은 0.6명으로 〈그림 4.3〉에서 보는 바와 같이 2년 연속 감소하고 있다. 가해에 의한 사망자 수도 2022년 320명으로 전년(356명) 대비 10.1% 감소하고 있다. 다행하게도 바람직한 추이를 보여주고 있다고 하겠다.

표 4.3 사회재난 인명피해 현황(건, 명), 2013~2022년

구분	2013	2014	2015	2016	2017	2018	2019	2020	2021	2022
발생건수	7	17	7	12	16	21	28	25	24	26
사망(실종)자	12	427	67	19	65	93	63	1,009	5,063	26,576
부상자	44	891	130	25	93	242	149	83	50	453

다음으로 자살률(〈그림 4.4 참조〉)을 보면 2022년에 10만 명당 25.2명으로 2021년의 26.0명보다는 감소(개선)하였다. 자살률도 2018년에 정점(38.5명)을 찍고 서서히 감소하는 추세를 보이고 있다. 성별로 2022년도 자살률을 볼 때는 남자(35.3명)가 여자(15.1명)보다 2.3배 높은 현상을 보이고 있다. 앞으로 '안전한국'을 만들어 가려면 자연재난과 사회재난에 의한 사망(실종)자 수를 줄이는 절실한 노력이 필요하다.

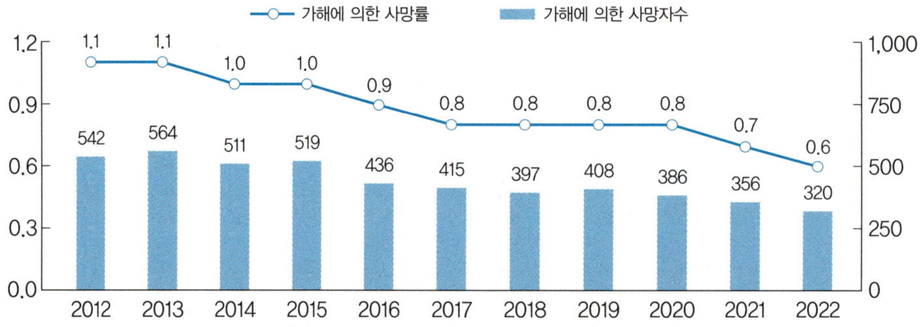

그림 4.3 가해에 의한 사망률(명/10만명) 및 사망자 수(명), 2012~2022년
출처: 통계청, 사망원인통계

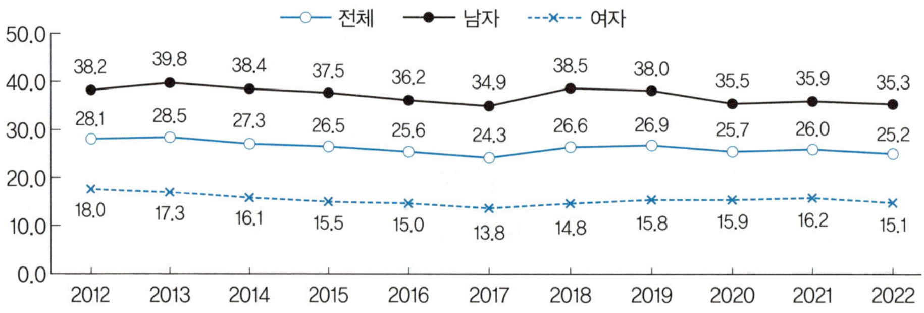

그림 4.4 자살률(명/10만 명), 2012~2022년
출처: 통계청, 사망원인통계

안전에 대한 국제 비교

통계청에서 발표한 「한국의 안전보고서 2023」에 의하여 우리나라의 안전 상황이 어느 정도인가를 조사하였는데, 그러면 OECD 회원국과 비교하여 우리나라는 주요 안전지표에서 어느 수준인가? 중요한 것 몇 가지 지표를 살펴보자. OECD 자료도 한국의 안전보고서에 실려 있다.

1. 가해에 의한 사망률

한국의 가해에 의한 사망률은 2020년 인구 10만 명당 0.7명으로 OECD 38개 국가 중 덴마크, 슬로베니아와 함께 21위를 기록하고 있다. OECD 평균은

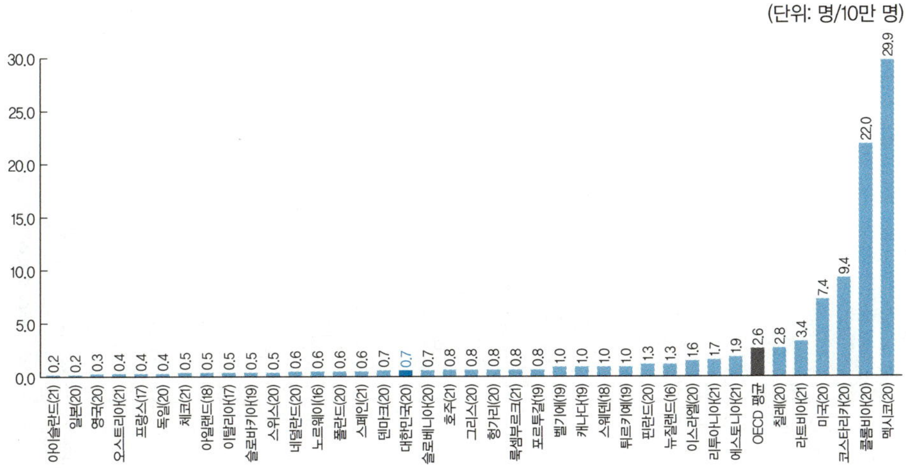

그림 4.5 OECD 국가별 가해에 의한 사망률 (단위: 명/10만 명)
주1: 연령표준화 사망률로, OECD 평균은 OECD 38개국 산술평균임
주2: 데이터 연도는 국가간 다소 차이가 있음
출처: OECD, 「OECD Stat.」 2023.12월 인출

2.6명이고, 가해에 의한 사망률이 높은 나라는 순서대로 멕시코(29.9명), 콜롬비아(22명), 코스타리카(9.4명), 미국(7.4명)의 순이다. 가해에 의한 사망률이 낮은 나라는 순서대로 아이슬란드(0.2명), 일본(0.2명), 영국(0.3명), 오스트리아(0.4명) 등이다. 한국이 0.7명이니 일본보다 월등히 높으며, 우리나라도 가해에 의한 사망률이 낮추기 위한 노력을 경주할 필요가 있다.

2. 자살률

2020년 10만 명당 한국의 자살률은 24.1명으로 OECD 국가 평균 10.7명보다 월등히 높다. 〈그림 4.6〉을 보면 자살률이 높은 나라는 순서대로 대한민국(24.1명), 리투아니아(18.5명), 슬로베니아(15.7명), 일본(15.4명)이고, 자살률이 낮은 나라는 순서대로 그리스(3.9명), 튀르키예(4.4명), 룩셈부르크(5.4명), 콜

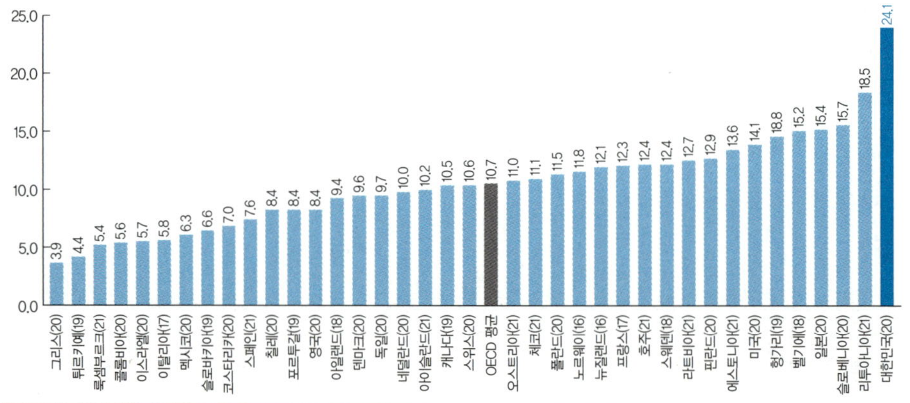

그림 4.6 OECD 국가별 자살률 비교

주1: 연령표준화 사망률로, OECD 평균은 OECD 38개국 산술평균임

주2: 데이터 연도는 국가간 다소 차이가 있음

출처: OECD, 「OECD Stat.」 2023.12월 인출

롬비아(5.6명)이다. 미국은 14.1명으로 자살률이 높은 나라에 속한다.

3. 재난사고 사망률

재난사고 사망률은 〈표 4.2〉에서 국가별로 인구 10만 명당 자연재난 인명피해와 사회재난 인명피해를 합친 수치로, 재난으로 인한 사망자의 수이고 실종자를 포함한다. 국가별로 코로나19 사망자 포함 여부가 상이하여 국가 간 비교를 위하여 코로나19 확산 이전인 2019년을 기준 년도로 비교하였다. 〈그림 4.7〉은 통계청에서 발표한 '한국의 안전보고서 2022'에 수록된 내용이다.

재난사고 사망률은 OECD 평균이 0.71명, 한국이 0.21명으로 비교적 낮은 편이다. 사망률이 높은 나라는 순서대로 스위스(9.95명), 노르웨이(4.37명), 프랑스(2.36명), 슬로베니아(0.91명) 등이고, 우리나라보다 낮은 주요국은 미국

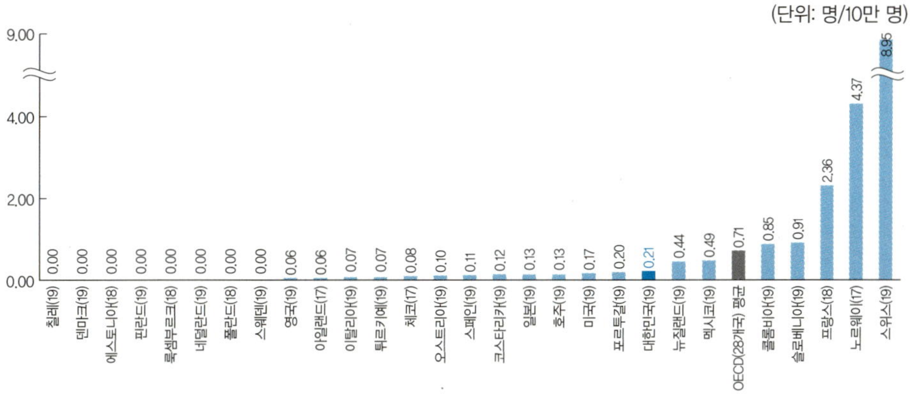

그림 4.7 OECD 국가별 재난사고 사망률, 2019년 기준

주1: SDGs Indicator 11.5.1.은 인구 10만명당 재난(자연재난+사회재난)으로 인한 사망자로 실종자를 포함함

수2: 2020년 이후 일부 국가의 자료가 업데이트되었으나, 코로나 19 사망자 포함 여부가 상이하여 달라 국가간 자료의 편차가 매우 크게 발생함. 국가간 비교를 위하여 코로나 19 확산 이전인 2019년을 기준년도로 수록함

출처: UNISDR, SDGs Indicator 11.5.1. 2022.12월 인출

(0.17명), 일본(0.13명), 영국(0.06명) 등이다. 사망률이 거의 0에 가까운 나라들로는 칠레, 덴마크, 에스토니아, 핀란드, 룩셈부르크, 네덜란드, 스웨덴 등이 있다. 한국이 상대적으로 높은 편은 아니나 사망률을 0에 근접시키는 노력을 국가 차원에서 접근할 필요가 있다.

02 디지털 전환기의 안전보건 경영시스템 발전 전략

50인 미만 사업장에 대한 안전보건경영시스템의 집중 보급 확대

안전보건공단(KOSHA)에서는 사업장에서 자율적으로 신청을 받아 자율 안전보건경영시스템(KOSHA MS) 인증제도를 개발하여 사업장에 보급하여 왔다. 이 제도는 산업안전보건법 제4조(정부의 책무) 제1항 제4호 "사업주의 자율적인 안전보건경영체제 확립을 위한 지원"의 규정에 따라 사업장에서 안전보건경영체계를 구축하는 데 필요한 가이드라인을 제공하여서 KOSHA MS 인증시스템을 보급하여 왔다.

안전보건경영시스템은 사업주의 자율적 신청에 의해 대부분이 50인 이상의 사업장 또는 자율적인 기반이 비교적 잘 갖추어진 100인 이상 사업장을 대상으로 ISO 45001 및 KOSHA MS 인증서와 인증패를 수여하고 있다. 하지만 앞으로는 산재가 다발하고 있는 50인 미만의 소규모 사업장을 주력 타깃으로 인증시스템 보급을 추진해야 한다. 전체 인증사업장 중 50인 미만의 소규모 사업장이 안전보건경영시스템 체제구축, 즉 인증을 희망할 때 고정이 단순하고 위험요인이 단순한 공정, 시설 및 설비라서 상대적으로 유해위험요인이 적다면, 최소한의 서류준비와 사전 컨설팅을 통하여 정부의 산재예방자금지원, 위험성평가교육, 무료 법정교육 지원, 내부심사원 및 안전보건경영시스템 담당자 등 사업장 전문요원 양성 교육비 지원 등 인센티브를 제공하도록 사업 추진 방향을 개선할 필요가 있다.

이러한 소규모 사업장에 대한 정부의 지원과 요구조건의 완화는 2023년 5월 22일에 개정되어 시행 중인 『사업장 위험성평가 실시에 관한 지침』(고용노동부 고시 제2023-19호)에서 그 사례를 잘 엿볼 수 있다. 위험성평가 기법을 소규모 사업장의 인력, 전문성 및 운영능력을 감안하여 획기적으로 위험성평가 기법을 다양화하는 등 위험성평가 평가 업무수행 시 서류와 절차를 단순화하였다. 그동안 사용하여 온 유해·위험요인에 대한 가능성과 중대성을 조합한 빈도·강도법 대신 상대적으로 소규모 사업장에서 적용이 간편한 기법인 체크리스트법, 핵심요인 기술법(OPS, One Point Sheet) 및 위험성 수준 3단계법(저·중·고) 등으로 사업장의 규모와 특성을 고려하여 선정하여 사용할 수 있도록 한 것이다.

또한 현장 적용이 용이하도록 가시적인 조치를 함으로써 소규모 사업장의 부담을 덜어주었는데, 이는 엄격히 짜인 빈도·강도법 등 절차가 복잡하고 단순하지 않은 기법 대신 소규모 사업장의 특성과 현실을 감안한 정부의 개선·보완 노력으로 각광받는 행정조치의 하나라 할 수 있다. 현행 소규모 사업장 대상 안전보건경영시스템 인증을 위한 이런 기술지도 및 컨설팅 업무는 최근 고용노동부에서 시행하고 있는 전국 중소규모 사업장에 대하여 안전대진단을 통한 안전보건관리체계구축 지원사업 또한 매우 전향적인 산업재해예방을 위한 정부의 지원과 대책방안으로 여겨진다. 현실적인 문제점인 산재예방을 위한 예산지원과 기술적인 측면에서 정부 지원을 받을 수 있는 정부 사업을 추진하여 그 혜택을 받음으로써 안전보건 관리체계를 구축하고 산업재해예방의 기반까지 구축하는 역할을 한다. 또한 정체상태의 산업재해율을 감소시키는 성과가 가시적으로 나타날 것이라 여겨진다.

안전보건관리 적격자의 조직적 확보

구축된 ISO 45001 등 안전보건경영시스템이 현장에서 실질적으로 이행될 수 있도록 현장의 안전보건경영시스템 운영 능력을 확보하는 것이 필수 불가결한바, 이를 위해서는 각 사업장마다 안전보건의 전문역량을 가지고 지속적으로 안전보건관리를 기획, 수행, 평가 등을 할 수 있는 여건을 회사 차원의 안전보건방침에 포함하는 등의 방법을 통해 조직적·제도적으로 조성하는 것이 필요하다. 따라서 안전보건경영시스템 내부심사원 양성교육, 위험성평가 담당자 교육 등에 대한 프로그램을 운영하여 지속적으로 전문가 양성이 이루어지도록 투자를 하여야 한다.

안전보건경영시스템 체계 구축 시 실행 · 실천 지원서비스 강화

ISO 45001 및 KOSHA MS 안전보건경영시스템의 인증심사는 인증기준에 따라 각각 인증심사원 자격을 가진 심사원이 참여하고 있다. 그간 KOSHA MS 심사원은 산업현장을 방문하는 경우 산업안전보건법에 기초한 주요 법 위반사항이 심사 시 존재하느냐를 절대적인 것으로 여기는 경향이 있었다. 하지만 ISO 45001 인증심사원은 상대적으로 사업장의 안전보건경영 체계에 더 무게

표 4.4 안전보건활동분야 항목

1) 조직은 안전보건 측면에서 영향을 미칠 수 있는 기계·기구·설비, 사용물질, 작업 등에 대해서 안전보건상의 기준을 준수하여야 한다.
2) 조직은 다음과 같은 안전보건활동과 관련하여 해당사항에 대한 운영절차를 수립하고 이행하여야 한다.
   가. 작업장의 안전조치
   나. 중량물, 운반기계에 대한 안전조치
   다. 개인보호구 지급 및 관리
   라. 위험기계, 기구에 대한 방호조치
   마. 떨어짐, 무너짐에 대한 방지조치
   바. **안전인증**, 안전검사 및 **자율안전확인신고** 실시
   사. 폭발, 화재 및 위험물 누출 예방활동
   아. 전기재해 예방활동
   자. 쾌적한 작업환경 유지활동
   차. 근로자 건강장해 예방활동
   카. **도급인의 안전보건 조치에 대한 활동**
   타. 안전, 보건관계자 역할과 활동
   파. 산업재해조사 활동
   하. **비일상적인 작업 재해예방 활동**
   거. **작업 전 안전회의(TBM), 안전제안 활동**

를 두고 심사를 한다는 것이 공동 심사를 수행한 타 기관 심사원들의 의견이기도 하다. 〈표 4.4〉에서 언급한 안전보건활동 분야에서 상존해 오거나 소홀히 관리하여 온 현장의 문제점과 법위반 사항을 다소 가볍게 여긴 경우도 있었다.

ISO 45001 인증시스템이 탄생할 때 협의과정에서 ILO(국제노동기구)가 제기한 문제가 있었는데, 이는 기존 OHSAS 18001 인증시스템을 운영하면서 적용해야 하는 산업안전보건법 등의 요구사항에 대한 것과 서로 차이가 있다.

ISO 45001 인증기관은 ISO 45001 인증시스템 구축 위주로 심사를 실시하고

있으며, 안전보건활동 분야는 주로 산업안전보건법에서 정하고 있는 법정 요구사항을 의무적으로 적용하고 있는 KOSHA MS 심사원들이 활동 분야의 각 항목(15개)에 더 집중하여 부적합 사항 등 문제점에 대한 의무적인 개선을 하도록 요구해왔다. 즉, 이러한 법정 부적합 사항에 해당하여 인증을 재신청하도록 엄격히 운영해왔으며, 산업안전보건법 제38조에서 정하고 있는 안전조치 및 제39조에서 정하고 있는 보건조치에서의 요구사항은 강제적이고 의무적인 조치사항이므로 인증신청 사업장에서도 의무적인 적용사항으로 반영하고 있지만 ISO 45001 인증심사에서는 이를 상대적으로 의무사항보다는 약하게 받아들여서 안전보건경영체계 구축 분야에 더 집중하는 경향이 있다는 것이다.

따라서 이러한 차이를 보강하기 위하여 ISO 45001 인증시스템 구축 시에는 산업안전보건법에서 정하고 있는 법적 요구사항인 산재예방과 관련한 안전 및 보건조치사항, 즉 안전보건활동에 주안점을 두어야 할 것이다. 또한 인증시스템 심사업무를 수행하고 있는 인증심사원들은 인증업무를 수행, 추진하는 데 있어서 중대재해처벌법에서 정하고 있는 사업주 또는 경영최고책임자의 9가지 이행사항 중 안전보건활동 분야에서 가장 핵심인 위험성평가 실시 및 이행 등에 더 집중하여 심사를 실시하고 여러 가지 인증요건 중 엄격히 부적합 사항을 적용하여야 할 것으로 판단된다.

하지만 가장 난제 중 하나는 ISO 45001 인증시스템은 심사기준과 심사원의 윤리적 잣대에 따라 안전보건활동 사항에 대해 고객과의 관계설정을 재고해야 한다는 것이다. 이러한 문제는 현행 인증심사 시 ISO 45001 인증시스템과 KOSHA MS 인증시스템 간의 부적합, 관찰 건수를 비교하여 살펴봄으로써 그 실태와 결과를 유추할 수 있을 것이다.

인증사업장 대상 교육지원 및 위험성평가 정착지원 강화

지금까지 살펴본 우리나라 산업재해발생 현황을 통해 알 수 있듯, 50인 미만 소규모 사업장은 전체 사업장의 80%를 상회할 정도로 대다수를 차지하지만, 인증사업장 수는 극소수에 해당한다. 그러므로 현행 소규모 사업장 대상 안전보건경영시스템 인증 컨설팅 지원을 규모와 방법 면에서 대폭 확대하여 종합지원이 가능하도록 원스톱 기술, 인력 및 자금지원을 통해 실질적으로 지원체계를 구축하는 방안이 마련되어야 한다.

소규모 사업장에 부담을 줄여 주면서 안전보건경영시스템을 보급하는 동시에 종합적인 기술적, 인적 지원과 더불어서 재정적인 측면에서 양질의 안전보건 서비스 지원사업이 필요하다. 이를 위해 앞으로는 ISO 45001 및 KOSHA MS 안전보건경영시스템의 인증을 중소규모 사업장 대상으로 확대 보급하고, 기 안전보건경영시스템 인증을 받는 사업장을 대상으로 필요한 내부심사원 양성 및 실무교육 지원 서비스를 시작해야 한다.

이미 안전보건경영시스템을 인증받은 경우, 즉 안전보건관리체계의 구축이 이루어져 운영 중인 사업장의 경우 사업장에서 원하고 필요로 하는 지원내용 및 교육 수요 등을 조사하여 인증시스템 교육서비스를 안전보건교육기관, 인증심사원양성교육기관 및 KAR, PCAA 등 심사자격인증기관과 안전보건공단(KOSHA)에서 기획하여 바로 지원을 하는 방안도 검토하여야 한다. 중소규모 현장에서 필요로 하는 교육과정 중 신규 개설이 필요하다고 생각하는 교육과정은 다음과 같다.

① ISO 45001 및 KOSHA MS 인증사업장 내부심사원 교육

② 위험성평가 담당자 양성교육

③ 안전보건경영시스템 제도 실무자 기초교육 등

이러한 심사원 및 내부심사원 양성교육을 인증교육기관, 안전보건교육기관 등 심사원자격관리기관과 안전보건공단에서 추진할 때는 중소규모 사업장을 대상으로 하는 산업재해예방 사업의 일환이므로 정부 지원사업으로 편입하여 교육비를 경감하거나 지원하도록 하는 제도적인 장치가 필요하다.

위험성평가(Risk Assessment) 실시 체제 강화

위험성평가가 문서작성 보관이라는 형식적인 이행으로 그치지 않고 현장에서 라인부서를 중심으로 하는 실질적 이행으로 연결될 수 있도록 보다 정교하고 실효성 있는 방안을 강구할 필요가 있다. 이를 위해서는 유해위험요인(hazards) 파악, 빈도·강도 추정을 위한 고려요인, 수급인과의 협력방법 등을 보편적인 기준에 입각하여 실효성 있게 구체적으로 규정하여 표준화를 추진해야 한다. 또한 관리감독자를 비롯한 전 직원들을 대상으로 위험성평가에 대한 교육을 충분히 수행하는 등 위험성평가를 실시하는 경우에는 구성된 팀 소속원이 실질적으로 단계별로 참여하고 수립한 계획대로 이행될 수 있는 여건을 마련할 필요가 있다.

관리감독자 대상 실무교육 및 역량강화 필요

안전보건경영시스템 도입, 구축 또는 운영 시 가장 어려운 항목은 '법규관리', '위험성평가', '문서화', '내부심사', '운영관리' 순으로 실태조사 설문에서 나타났다. ISO 45001 및 KOSHA MS 안전보건경영시스템을 운영하면서 시스템 관련 매뉴얼, 절차서 및 지침서에 대한 이해도와 실행력이 떨어진다는 의미이므로 인증시스템의 운영과 체계에 대한 충분한 교육과 실행능력을 갖추도록 할 필요가 있다. 따라서 최초 인증을 받은 사업장에서 기 구축 인증시스템의 운영은 안전보건부서가 책임을 지지 않고, 업무와 연결해서 실행에 옮기는 것은 각 실무 부서장을 비롯하여 선임된 관리감독자에 대한 역량강화 노력과 실무교육이 시급한 것으로 조사되었다.

필자가 산업안전보건법에 의한 관리감독자 교육을 연 500명 이상 실시하면서 직접 설문을 통해 조사한 바에 따르면, 인증시스템의 매뉴얼, 절차서 및 지침서를 다 읽고 실행에 관심을 가지고 실행하는 관리감독자는 전체의 1% 미만이었다. 이것이 우리 산업현장의 안전보건경영시스템의 현주소라고 단정 지을 수는 없다. 그러나 안전보건경영시스템의 운영과 안전보건관리체계구축 및 운영은 안전부서 업무이지 관리감독자 자신의 업무가 아니라고 생각하여 소홀히 하는 경향이 있음을 인식해야 하며, 이러한 현상을 바꾸도록 노력해야 한다는 사실을 알 수 있다.

결국 산업안전보건법이 정하고 있는 산업안전보건체제상 안전보건관리자, 안전보건 담당자 등의 업무를 수행하는 스태프(staff)는 해당 업무를 수행하면서 직접 책임을 지기보다는 보좌, 지도 및 조언을 하도록 역할분담이 되어 있는데도, 대다수의 사업장 임직원들은 실질적인 안전보건경영시스템의 운영은 관리감독자가 아닌 안전부서 관련자가 하는 고유업무라고 착각한다는 것이다. 사업장에서 재해가 발생하여 재판을 받은 결과를 살펴보면 산업안전보건법상으로 정해져 있는 제38조(안전조치) 또는 제39조(보건조치)의 소홀 또는 미조치로 인한 과실 또는 배임혐의라는 라인조직, 즉 사업주–안전보건관리책임자–관리감독자 체제로 형벌이 내려진다는 사실을 간과하고 있다. 한편으로 중대재해처벌법에서는 동일 사안에 대하여 사업주 또는 경영책임자에게 전적으로 책임을 물어 벌칙을 받게 된다는 사실이기도 하다.

- 안전보건경영시스템 운영능력 제고 및 실질적 이행 노력

ISO 45001 및 KOSHA MS 안전보건경영시스템의 효과적인 안전보건관리의 수단으로서 궁극적인 목적은 조직구성원의 태도와 행동을 변화시키는 것이다. 이를 감안하여 ISO 45001로의 전환(2017년 하반기) 이후 형식적 구축(인증)과 운영을 경계하고, 이 인증시스템의 철학, 원리, 배경 등에 대한 이해를 바탕으로 그 운용능력을 실질적이고 지속적으로 제고하는 데에 초점을 맞추어야 한다. 즉, ISO 45001의 효과성(성공여부)은 그것이 조직구성원들에 의해 어떻게 이해되고 적용되는가에 달려 있다는 점에 유의하여야 한다.

- 안전보건관리에 관한 역할, 권한 및 책임의 명확화

안전보건이 조직구성원들에게 핵심적 가치로 받아들여져 현장에서 실질적으로 이행될 수 있도록 최고경영자를 포함하여 모든 계층(level)과 부서(function)에 걸쳐 조직구성원의 안전보건에 관한 역할, 권한 및 책임을 본사

및 현장(사업장) 전체적으로 명확하고 구체적으로 규정하는 것이 필요하다.

사업장의 안전보건관리가 효과적으로 이루어지기 위해서는 안전관리와 보건관리가 유기적인 협력관계에서 수행될 수 있도록, 그리고 보건문제가 소홀히 다루어지지 않도록 안전관리담당과 보건관리담당이 동일한 부서에 편제될 필요가 있다. 또한 상호 협업을 통하여 현장의 안전보건경영시스템 운영과 실질적인 이행에 지도, 조언 및 협조가 이루어져야 한다.

인증심사원 및 컨설팅 요원의 기술수준 평준화

안전보건경영시스템 인증심사 현장에서 눈에 띄는 부분은 안전보건경영 활동(운영관리) 총 14개 분야 중 현장에서 인증심사 시 가장 많은 미비점이 나온 분야가 바로 근로자 건강장해 예방 분야라는 것이다. 최근 5년간 산업재해 발생 현황을 보면 사고재해자와 사고 사망재해자는 줄고 있지만 질병재해자 및 질병사망자는 증가하고 있다. 인증대상 사업장에서 안전보건상의 문제점이 다원화되어 있다는 점과 근로자의 건강, 즉 심뇌혈관계질환과 근골격계질환 예방 등 업무상 질병예방 분야에서 미비점·지적사항이 가장 많이 나왔다는 점은 눈여겨보아야 한다.

또한 인증심사원과 컨설팅 업무를 수행하는 컨설턴트도 신규 인증심사원 자격취득 후 및 매 2~3년마다 보수교육을 받는 직무교육제도를 도입하여 기술수준 평준화를 도모해야 한다. 또한 컨설팅 요원도 자격을 가진 인증심사원만이 수행할 수 있는 자격요건을 정하고, 일정 주기마다 지정교육기관에서 실시하는 직무교육을 받도록 하여 최신 정보를 공유하고 주기적으로 인증전문교육기관에서 교육받도록 해야 한다.

안전분야 전공자는 산업보건 및 위생분야의 기초 소양교육과 인증 심사기술을 습득하도록 하고, 산업보건, 위생분야 전공자는 당연히 안전분야 교육을 받도록 의무화하는 제도적 보완이 뒤따라야 하겠다. 이러한 인증심사원 등에 대한 사후관리 프로그램은 산업안전보건법에서 이미 도입, 시행 중인 안전검사원 등의 직무교육을 그 예로 들 수 있는데, 산업안전보건법 제142조에서 정하고 있는 산업안전보건지도사가 그 직무를 수행하기 위해 자격취득 후 약 3개월의 연수교육을 받은 후 실무를 하도록 하는 것이 그 대표적인 사례이다. 따라서 소규모 사업장에 부담을 줄여 주는 한편 안전보건경영시스템 보급을 통한 종합적인 시스템 구축과 실행 및 이행 측면에서 지원서비스를 하기 위해 산업안전보건지도사가 그 역할을 하도록 하는 방안도 검토할 필요가 있다고 판단된다.

또한 컨설팅 기관 및 요원도 등록제를 통해 사전 심사 및 컨설팅 능력을 검증하여 적격심사 및 평가제도(Prequalification & Evaluation system)를 통과한 기관 또는 심사원 및 해당 분야 전문가만이 해당 분야 컨설팅에 참여할 수 있도록 제도적 장치를 마련하여야 하겠다. 위와 같은 문제점을 해결하는 방안으로 일본의 컨설턴트 제도나 산업안전보건법에서는 고용노동부가 산업안전보건지도사 제도를 운영중인바, 사후심사 등의 업무를 수행하도록 하는 방안도 매우 효과적인 대안이 될 수 있을 것이다.

인증사업장 지원서비스 체제 구축 검토

사업장에 대한 인증심사가 완료되면 각 인증기관은 안전보건경영시스템 인증서를 발행하고 난 후 안전보건경영시스템 및 위험성평가 교육, 자료제공, 지역별 교육, 워크숍 개최 등 연중 필요한 인증사업장에 대한 지원을 전혀 하지 않는다. 자율인증제도의 의도를 살린다는 초기의 방침을 그대로 유지하여 인증기관이나 안전보건공단에서는 인증시스템의 인프라 구축을 위한 전문인력양성, 추가적인 후속조치를 위한 지원 등과 같은 사후관리를 사업주의 몫이라고 생각하였으며 자율적으로 개선조치를 하여야 한다는 당위성을 내세워 왔다. 그러나 사업장에서는 여러 가지 자원 부족으로 시스템 운영을 효과적으로 지원할 수 없기에 자율적인 안전보건경영시스템이 잘 작동하지 않고 있다.

결국 서류상으로는 인증체제가 구축되어 있지만 운영과 실천은 되지 않아 다음과 같은 현상이 두드러지게 나타남으로써 인증 심사마다 부적합, 관찰 및 권고사항이 반복되거나 점증하는 결과를 보이고 있다.

① 사업장별 인증업무 담당자의 전문성 부족현상

② 사업주의 안전보건경영 방침과 목표에 대한 평가 및 검토관리 소홀

③ 전 조직구성원이 참여하여 시스템을 운영하지 않고 몇 명이 문서관리만 하는 소극적이고 형식적인 최소한의 형식적인 실행과 조치 미흡 등

※ 잦은 인력교체, 양성체제 미흡(교육기회 부여 미흡), 전담자 미배치(겸임) 등

현행 인증제도의 운영실태 파악하기 위해 인증을 받은 사업장을 방문하여

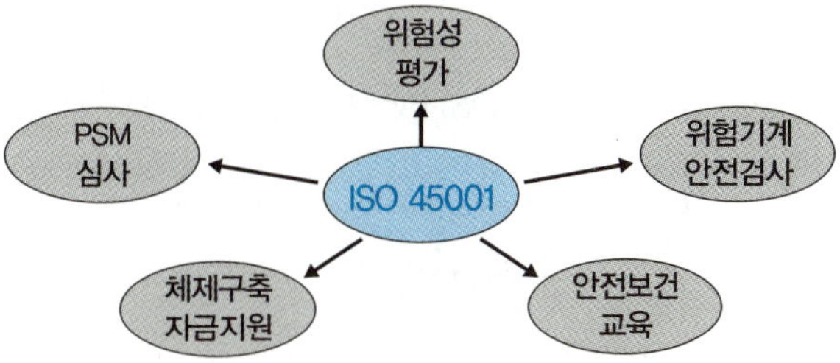

그림 4.8 안전보건경영시스템과 연계사업 활성화 구성 요소도

실태조사를 실시하였을 때 접수한 중소규모 인증사업장의 요구사항은 공급자 위주의 인증시스템 운영보다는 현실적으로 인력이 부족하고 필요한 교육을 받지 못해 기 구축된 인증제도를 운영하기가 쉽지 않다는 것이었다. 사업주의 정책적인 결정으로 시스템에 대한 인증은 받았지만 중소규모 사업장에서는 인증 업무를 전담할 수 있는 인프라 환경(인력, 시설, 예산 등의 지원)이 원활히 이루어지지 아니함으로써 기 구축된 안전보건경시스템에서 요구하는 체계적인 계획수립과 실행계획의 수립 및 운영, 또한 이행하기가 곤란하다는 것이다.

최신 법령·규정에 대한 공유 및 의사소통 미흡 현상 타개

따라서 ISO 45001 및 KOSHA MS 전용카페 개설, 앱(APP, Application) 개발, 커뮤니티 활성화가 필요하나 현재는 안전보건경영시스템에 관심이 있는 실무자들이 쉽게 의사소통을 할 수 있는 공간 즉 홈페이지 개설 또는 지역별 협의회 구성과 커뮤니티의 활성화 유도가 필요한 것으로 판단되었다.

즉 사업장 담당자가 위의 사이트 등에 방문 시 바로 최신 정보를 확인하고 적용할 수 있도록 인증 관련 자료와 정보 집대성을 위한 지원과 배려가 절실히 요구되었다. 또한 ISO 45001 및 KOSHA MS 인증시스템의 추진·운영을 위한 정보공유를 위하여 지역별 협의회를 설립하여 자율적으로 세미나, 토론회, 발표회 등을 개최하고 우수 사업장 상호 방문을 통한 벤치마킹 기회를 부여하고 협의회 회원사 간 교류 활성화를 유도하는 방안을 고려할 필요가 있다.

타 사업 분야에서도 이러한 정보공유와 협력을 위하여 석유화학단지별로 석유화학안전관리 협의회, 공정안전협의회, 계전협의회 등이 자율적으로 구성되어 상당한 응집력과 정보의 공유와 협력하는 분위기에서 운영되고 있다.

- 일상 안전활동의 조직적·체계적 실시 확행

수급인의 작업자를 포함한 아차사고 발굴(보고)활동, 위험예지활동, 작업 전 회의(TBM) 등 일상 안전활동이 체계적이고 내실 있게 실시될 수 있도록 하기 위해서는, 해당 작업현장에 적합한 여러 가지 일상 안전활동을 개발하고 이에 대한 구체적인 매뉴얼을 마련하는 한편 이를 토대로 다양한 일상 안전활동이 지속적이고 실효성 있게 전개되도록 할 필요가 있다.

- 수급인에 대한 안전보건 관련 선정기준·관리기준의 구체화

사내 하도급뿐만 아니라 비정상(abnormal)작업을 수행하는 외부 공사업체 등 수급인을 대상으로 이들의 선정기준 및 작업수행 과정에 대한 지도·관리기준(체크리스트 포함)을 구체적으로 마련하는 한편, 이것이 현장에서 실질적으로 작동될 수 있는 여건을 회사 차원에서 제도적으로 조성하여야 한다. 이를 통해 수급인의 선정단계, 수급인의 작업개시 전 단계, 작업개시 후 수행단계 등 도

급사업의 각 단계별로(즉, 모든 단계에서) 수급인에 대한 관리가 정교하고 체계적으로 이루어지도록 하여야 한다.

- 국내외 선진 우수사례의 벤치마킹

① 듀폰(Dupont): 다국적 화학회사로서 안전보건경영시스템의 형식적 이행(인증)에 그치지 않고 인증을 받은 안전보건경영시스템이 실질적으로 작동하도록 CEO의 안전보건에 대한 의지(commitment)의 실증과 함께 구성원들의 태도와 행동을 변화시키는 데까지 정교하게 노력하고 있다.

② 알코아(Alcoa): 알루미늄 제조 다국적 회사로서 CEO의 안전보건에 대한 가시적인 표명(약속)하에 안전보건을 조직의 핵심적 가치이자 구심점으로 삼으면서 OHSMS의 구성요소의 실질적인 이행을 위해 많은 조직적 투자를 하고 있다.

시스템의 실행과 이행에 초점을 둔 인증심사 확행

이미 시스템 인증을 받은 사업장 수가 증가함에 따라 사후심사 대상물량이 증가하였으며, 이에 ISO 45001 및 KOSHA MS 심사업무를 담당하는 업무 담당자들은 신청물량을 적기에 해소하는 데 상당한 부담을 느끼고 있다. 따라서 안전보건경영시스템 전문가, 즉 내부심사원 양성프로그램을 운영하여 안전보건분야의 업무를 종합적으로 수행할 역량을 가진 전문가 양성이 시급한 과제로 대두되었다.

시스템의 인증 시점에 따라 최초심사, 사후심사 및 연장심사 시에도 안전보건경영시스템의 시스템 구축단계 및 인증심사 준비 단계부터 구축 인증시스템의 실행과 실천 여부에 초점을 둔 심사를 실시하여 단편적인 산업안전보건법 준수 여부, 안전·방호장치 설치 여부 또는 현장 안전보건활동에 대한 계획 대비 목표 달성 및 성과 관리, 위험성평가 및 교육실시 여부보다는 회사의 안전보건경영시스템의 작동성에 더 초점을 맞추어서 사후심사 및 연장심사 시 재인증 여부를 판단하도록 인증시스템의 운영기준을 강화하고 엄격히 적용할 필요가 있다.

즉 사업주의 관심도, 장기적인 경영자 검토 등 PDCA 사이클의 각 단계별로 발생하는 개별적인 문제점보다 전체적인 맥락에서 인증시스템의 작동성을 계속 인증적합성 여부에 대한 주요 판정기준으로 삼고 최고경영자의 실질적인 관심도와 참여도 및 노력도를 평가 기준에서 더 높이 평가하도록 시스템을 개선해야 한다.

안전보건경영시스템 체계 구축 해설서 발간

ISO 45001 및 KOSHA MS 안전보건경영시스템의 인증심사는 근로자의 고귀한 생명보호를 근간으로 하는 안전보건 확보와 산재예방이라는 특수성이 있는 분야임을 감안하여 안전보건경영 활동분야의 각 항목(14개)에 더 집중함으로써 가시적인 문제점을 지적하고 개선하도록 하는 안전보건경영체계 구축분야, 즉 시스템 구축분야에 더 집중하여야 한다. 따라서 우선 산업재해 감소효과를 거두기 위해서는 중소규모 사업장을 대상으로 안전보건경영시스템 인증사업장을 확대하여야 한다. 연중 인증을 신규로 받으려는 사업장 및 기 인증을 받은 사업장 중에서 특히 50인 미만의 소규모 사업장을 대상으로 안전보건경영시스템의 구축지원 서비스를 하기 위하여 안전보건경영시스템 인증분야에도 법 규정, 인증기준, 인증업무요령 또는 해설집을 핸드북 형태로 제작, 보급하는 것도 한 가지 방안일 것이다.

특히 자율적인 문서관리, 안전보건사업계획 수립과 성과관리 및 실행계획을 수립하여 사업장 시스템 업무담당자의 수준향상과 역량강화를 위한 교육기회의 대폭 확대, 교육비 지원 등의 혜택을 부여하여 중소규모 사업장의 시스템 인증의 보급 확대방안의 수립과 추진을 위한 전담팀의 운영이 필수적이다.

한편, ISO 45001 인증시스템에는 본 규격의 사용을 위한 안내 내용이 부록(annex)으로 제정되어 있다. 종전의 OHSAS 18001에도 사용설명서에 해당하는 OHSAS 18002가 만들어져 있었다. 반면, KOSHA MS는 당해 인증기준에 대한 사용설명서가 제정되어 있지 않다. KOSHA MS의 경우에도 ISO 45001 및 OHSAS 18001과 동일하게 당해 인증기준에 대한 사용설명서 또는 해설서를 별도로 발간하여 인증기준에 대해 심사원과 사업장 이해관계자가 정확하게 이해하도록 지원할 필요가 있으며 심사원 간, 지역 간 판정 평준화 문제도 해결해야 한다. 이러한 문제점을 안고 있는 중소규모 사업장의 인력 부족, 전문성 부족 등을 해결하고 기 구축된 안전보건경영시스템의 현장 실행과 실천을 위해서는 쉽게 이해하고 적용할 수 있도록 핸드북 또는 모바일 앱 형태로 해설서를 작성하여 보급하는 지원사업이 급선무라 판단된다.

03 '안전한국'으로의 위상 제고 방안과 발전 로드맵

'안전한국' 위상 제고 방안

'안전한국(Safety Korea)'이라고 할 때 '안전'의 의미를 분명하게 정의할 필요가 있다. 행정안전부에서 실시하는 '국민안전의식조사'에서 다루는 안전한 사회의 의미는 자연재난, 사회재난, 산업재해로부터 안전한 사회를 의미한다. 그러나 통계청에서 발간한 「한국의 안전보고서 2023」에서 설명한 안전은 〈표 4.2〉에서 열거한 4개 요인별(위해·환경요인, 취약요인, 대응역량, 피해[영향])에서 언급된 60개 지표에서 양호한 상태를 의미한다.

행정안전부의 국민 안전의식조사에서 다루는 안전의 내용은 주로 자연재난, 사회재난, 산업재해에 관한 것으로, 이들은 주로 통계청의 안전보고서에서는 '피해(영향)'로 분류되어 있다. 통계청의 안전보고서에서 조사되는 위해·환경요인, 취약요인, 대응역량은 피해(영향)를 주는 원인(요인) 등이다. 따라서 '안전한국'을 달성하기 위해서는 피해(영향)를 최소화하는 위상제고 방안이 필요하고, 또한 피해(영향)가 발생하지 않도록 원인(요인)을 잘 관리할 필요가 있다.

피해(영향)를 최소화하는 방안은 〈표 4.2〉에 있는 피해(영향)에 속한 21개 지표를 양호하게 하는 것이다. 이들 21개 지표 중 대표적인 것들이 가해에 의한 사망률, 자살률, 자연재난 인명피해와 피해액, 사회재난 인명피해와 피해액, 산업재해 사망률, 산업재해율 등이다. 그러면 '안전한국'으로 가는 위상제고 방안들은 무엇이 있을까? 2023년의 결과와 비교하여 2030년을 목표로 그 방안을 다음과 같이 제안하여 보기로 한다.

1. 산업 사고사망자 절반으로 줄이기

〈표 4.1〉에서 2023년 산업재해율(산업에서 산재보험적용 근로자수 100명당 발생하는 재해자수[사고 재해자수 + 질병 재해자수])은 0.66%, 300인 미만 사업장 재해율은 0.70%, 사고성 사망 만인율은 0.39명, 사망자수 2,016명, 업무상 질병자수 23,331명이다. 이런 수치들은 산업재해율을 줄이면 다 줄어드는 수치가 된다. 〈그림 4.2〉에서 보면 한국은 2001년에 '치명적 산업재해율'이 14명(근로자 10만 명당)으로 주요 선진국들의 2~10배 수준이었으나, 그 후 차츰 줄어들기 시작하여 2022년에는 4~5명 수준으로 줄어들어 주요 선진국들의 2~3배 수준으로 향상되고 있다. 이러한 '치명적 산업재해'는 〈표 4.1〉에서는 사고성 사망만인율과 유사한 지표이다.

2023년 산업재해율 0.66을 반으로 줄여 2030년에 0.30 정도로 줄일 수 있다면, 치명적 산업재해(사고성 사망만인율)도 2명 수준으로 감소하여 주요 선진국 수준이 될 것이다. 따라서 '안전한국'을 만들기 위해서는 산업재해율을 반으로 줄여 2030년에 0.30을 목표로 해야 한다.

2. 안전보건경영시스템 인증사업장 수의 획기적 증가 정책이 필요

2024년 3월 기준 KAB에 등록된 국내에서 활동하고 있는 경영시스템 인증기관은 72개이며, 이 중 ISO 45001 인증을 주는 기관은 케이에스알인증원(KSR), 한국품질재단(KFQ), 한국표준협회(KSA) 등 52개 인증기관이다. KAB의 자료에 의하면 2023년도 ISO 45001 인증 건수는 10,436건으로, 전체 ISO 인증 건수 51,270건의 20.4%를 점유하고 있다. 인증 건수 10,436건은 2021년(4,001건), 2022년(8,470건)에 비하여 급증한 건수로 기업이 안전보건에 높은 관심을 가지기 시작하였음을 증명하고 있다. 우리나라의 전 세계에서 ISO 45001 인증 건수는 2023년에 397,339건인 것과 비교하면 한국에서의 ISO 45001 인증 건수 10,436건의 비율은 2.6%에 지나지 않는다.

지난 2024년 6월 5일 한국은행이 발표한 '국민계정 2020년 기준년 1차 개편 결과'에 따르면 한국은 2023년도 1인당 국민소득(GNI)이 3만 6,194달러로 일본의 GNI(3만 5,793달러)를 사상 처음으로 추월했다고 발표했다. 대단한 일이다. 한국의 2023년도 명목 국내총생산(GDP)도 1조 8,394달러(2,401조 원)로 명목 GDP 순위가 12위로 높아졌다(2022년도는 14위). 한국은 반도체, 자동차, 조선, 전자제품, 석유화학제품, 건설업 등에서 세계적인 기업이 많다. 기업에서의 안전보건경영은 매우 중요해졌다. 통계청에서 발표한 '2022년 전국사업체조사'에서 발표한 내용을 보면 2022년 12월 31일 기준으로 우리나라의 사업체 수는 총 6,141,263개이고, 종사자 수 1~4명(5,314,600 사업체)을 제외한 5명 이상의 사업체 수는 826,663개이다. 실질적으로 5명 이상의 사업체가 모두 안전보건경영의 대상이라고 볼 수 있다. 이들 826,663개의 사업체 중에서 ISO 45001 인증을 받은 사업체가 10,436개이므로, 이는 단지 1.3%에 지나지 않는다. 종사자 수 100명 이상의 사업체 수는 20,633개(100~299명 사업체 수 16,210개, 300명 이상 사업체 수 4,423개)이므로, 이 중 인증을 받은 사업체는 50.6%이다. 대략 반 정도가 안전보건경영시스템 인증을 받았다.

필자의 생각에는 2030년까지 ISO 45001 인증을 최소 50,000개 기업이 인증을 받아야 할 것으로 판단된다. 이 목표를 달성하기 위해서는 50인 미만 사업장에 대한 안전보건경영시스템의 집중 보급이 확대되어야 할 것이다.

3. 가해에 의한 사망률과 자살률의 획기적 감소 노력

사회재난 중에서 대표적인 재난은 가해에 의한 사망과 자살이다. 가해에 의한 사망률과 자살률을 획기적으로 감소시키는 것은 안전한국을 만드는 지름길이다. 〈그림 4.5〉에서 가해에 의한 사망률 국제 비교를 보면, 한국은 2020년 기준 인구 10만 명당 0.7명으로 OECD 38개 국가 중 덴마크, 슬로베니아와 함께 21위를 기록하고 있다. 가해에 의한 사망률이 낮은 나라는 순서대로 아이슬란드(1위, 0.2명), 일본(2위, 0.2명), 영국(3위, 0.3명), 오스트리아(공동 4위, 0.4명), 프랑스(공동 4위, 0.4명), 독일(공동 4위, 0.4명) 등이다. 우리나라는 가해에 의한 사망률이 2022년에 0.6명으로 감소하였으나, 2030년까지 0.3명으로 줄여서 세계 3~4위 수준의 국가가 되어야 할 것이다.

다음으로 자살률의 획기적 감소 노력이 절실하다. 〈그림 4.6〉을 보면 2020년 10만 명당 한국의 자살률은 24.1명으로, OECD 국가 평균 10.7명보다 월등히 많다. 한국이 자살률이 가장 높고, 그다음으로 리투아니아(18.5명), 슬로베니아(15.7명), 일본(15.4명), 헝가리(14.8명), 미국(14.1명) 등이다. 자살률이 낮은 나라는 순서대로 그리스(3.9명), 튀르키예(4.4명), 룩셈부르크(5.4명), 콜롬비아(5.6명), 이스라엘(5.7명) 등이다. 한국의 자살률은 2022년에도 25.2명으로 높은 편이었다. 이를 2030년까지 5명 수준으로 낮추어 자살률이 낮은 세계 3~4위 수준의 국가가 되기를 바란다.

4. 국내 ISO 22301(비즈니스연속성경영시스템) 인증사업장의 확대

ISO 22301은 국제표준화기구(ISO)가 비즈니스연속성경영시스템(BCMS)의 표준으로, 재난 및 사고에도 빠르게 경영시스템을 복구할 수 있는 프로세스를 갖추는 것을 목적으로 하여 사업연속성 경영시스템 요구사항을 규정한 국제규격이다. ISO가 2012년 5월에 처음으로 제정하였으며, 우리나라도 이 표준을 기초로 기술적 내용 및 구성을 변경하지 않고 작성하여 2013년 2월에 KSA ISO 22301(사회안전-비즈니스연속성관리시스템-요구사항) 국가표준을 제정하였다. ISO는 이를 2019년에 개정하여 지금은 ISO 22301:2019가 사용되고 있다. 이 규격은 재난 및 사고가 발생하더라도 최대한 빨리 정상적 운영이 가능한 상태로 복귀하게 해주는 경영시스템 구축을 목적으로 한다.

〈표 3.4〉에 의하면 ISO 22301 인증 건수는 2016년(7건), 2017년(39건), 2018년 68건), 2019년(75건), 2020년(96건), 2021년(129건), 2022년(177건), 2023년(196건)으로 계속 증가하고 있다. 바람직한 현상이다. 그러나 국제적으로 비교하여 볼 때 ISO 22301 인증 건수가 2021년 기준 영국(851건), 인도(819건), 일본(306건) 등으로 한국의 129건보다 월등히 많다. 우리 기업들이 ISO 22301의 중요성을 인식하고 더 많은 기업들(2024년에 300건 이상, 2030년에는 1,000건 이상)이 ISO 22301의 인증을 받아야 할 것이다.

'안전한국'으로의 발전 로드맵

'안전한국'과 관련된 지표는 〈표 4.2〉에서 보면 60개나 되며, '안전한국'의 발전 로드맵에 고려해야 할 지표는 너무 많다. 따라서 모든 지표를 고려할 수 없으므로, 〈표 4.2〉에서 피해(영향)에 속한 21개 지표 중에서 대표적인 산업재해율, 가해에 의한 사망률, 자살률을 선택하고, 이 책에서 집중적으로 조명한 국제표준인 ISO 45001과 ISO 22301 국내 도입 정도를 선택하여 발전 로드맵을 제시하고자 한다.

산업재해율은 산재보험 적용 근로자수 100명당 발생하는 재해자(사고 재해자 + 질병 재해자) 수의 비율로, 〈표 4.1〉을 보면 2015~2020년에 0.5%대를 유지하다가 2021년부터 0.6%대로 증가하였다. 이 비율을 낮추어 2026년에는 0.45% 수준으로, 그리고 2030년에는 0.30% 수준을 달성하여야 한다. 이 비율이 낮아지면 재해로 인한 사망자수, 업무상 질병자수도 줄어들 것이다. 산업재해를 줄이기 위해서는 기업 스스로가 산업 안전보건에 대한 경각심을 가지고 각종 예방대책을 실시하는 것이 가장 빠른 길일 것이다. 2030년에 산업재해율을 0.30% 정도로 줄일 수 있다면, 치명적 산업재해 즉 사고성 사망자도 근로자 1만 명당 0.42명(‱, 퍼밀리아드) 수준에서 2030년에는 30% 정도 감소한 0.29‱ 수준으로 감소를 목표로 하고 있다. 따라서 '안전한국'을 만들기 위해서는 산업재해율을 반으로 줄여 2030년에 0.30%을 목표로 해야 한다.

근로자 사고성 사망만인율도 2023년 0.39‱인데, 이도 2026년과 2030년에는 1만 명당 각각 0.30명과 0.20명으로 줄이도록 해야 한다. 가해에 의한 사망률은 인구 10만 명당 사망률이 0.6명(2022년 기준)으로 OECD 38개국 평균(2.6

명, 2020년 기준)보다는 좋으나, 좋은 순서로 볼 때 21위로 양호한 편은 아니다. 이를 2026년에 0.45명, 2030년에 0.30명 수준으로 줄이면 '안전한국'을 지향하는 우리나라에 적합한 지표가 될 것이다.

다음으로 자살률을 살펴보자. 우리나라는 인구 10만 명당 자살자 수가 24.1명(2020년 기준)으로 OECD 국가 평균 10.7명보다 월등히 높다. '안전한국'을 달성하기 위해서는 이 자살률을 2026년까지 15명 수준으로, 그리고 2030년에는 5명 수준으로 낮추어야 한다. 자살률을 낮추는 것은 우리나라의 가장 시급한 국가적 과제 중 하나이며, 이를 달성하기 위해서는 면밀한 사회 환경적 요소들을 분석하고 이에 대응하는 국가적 전략을 구사해야 할 것이다. 이들 주요

표 4.5 주요 안전지표에 관한 현황과 발전 로드맵 (단위: %, 명, 건)

주요 안전 관련 지표	지표별 현황	2026년 목표	2030년 목표
산업재해율 (산재보험 적용 근로자 100명당 발생하는 재해자 수)	0.66% (2023년 기준)	0.45%	0.30%
산업재해 사고성 사고 만인율 (근로자 만 명당 발생하는 업무상 사고 사망자 수)	0.39명 (2023년 기준)	0.30명	0.20명
가해의 의한 사망률 (인구 10만 명당 사망자 수)	0.6명 (2022년 기준)	0.45명	0.30명
자살률 (인구 10만 명당 자살자 수)	25.2명 (2022년 기준)	15.0명	5.0명
ISO 45001 도입	10,436건 (2023년 기준)	30,000건	50,000건
ISO 22301 도입	196건 (2023년 기준)	600건	1,000건

지표 5가지에 대한 현황과 발전 로드맵을 〈표 4.5〉에 제시하였다.

우리나라는 2023년 기준 경제 규모가 10위권(GDP 기준은 12위) 국가이며, 1인당 GDP에서는 일본을 추월하였고, 산업 제품(반도체, 조선, 자동차, 철강, 휴대폰, 가전제품 등)에서는 세계 Top 5에 들어가는 제품이 많다. 한국은 2020년에 이미 UN에서 선진국으로 분류되었고, 발전 가능성이 매우 높은 나라임이 틀림없다. 그러나 안전 측면에서는 아직도 중진국 수준을 벗어나지 못하고 있는 측면이 존재한다.

우리나라는 2021년 7월 2일 68회차 유엔무역개발회의(UNCTAD) 무역개발이사회에서 개도국에서 선진국 그룹으로 격상되었다. 따라서 지금 한국은 선진국이다. 그러나 부끄럽게도 안전 측면에서는 선진국 수준에 도달하지 못하고 있다. 〈표 4.2〉에 있는 60개의 안전지표에 대해서 우리 모두가 면밀한 고심과 성찰을 하여야 하며 개인의 안전의식 수준의 향상과 더불어 가정과 사회, 학교와 회사, 관련단체, 조직 및 정부와 국가적인 개선 노력이 뒤따라야 할 것이다. 〈표 4.5〉에 제시한 대표적인 안전지표에 대해 2030년까지 발전 목표를 달성한다면 안전 측면에서도 진정한 선진국에 진입할 것이다.

우리 모두가 안전한 한국에 살아가야 하며, 지금은 '안전한국'을 건설하기 위하여 국가적, 국민적 노력이 필요한 시점이라고 하겠다.

우리나라 산업재해도 사고성 사망만인율이 OECD(경제협력개발기구) 평균 수준인 0.29‱를 달성할 수 있도록 우리 모두가 안전 최우선의 가치를 실현하는 데 동참할 것을 강조하고자 한다.

전 국민 전 사업장 안전의식 및 안전문화 수준 향상운동 전개

개인의 의식이란 일이 진행되는 인과의 흐름(선천적 체질, 후천적 학습, 경험으로부터 현재의 사고 발생) 속에서 나타나는 생각이나 감정을 말한다. 우리는 일상에서 왜 그런 생각을 하고, 왜 그런 감정이 솟아났는지를 모르고 지나치는 경우가 많다. 오히려 별 의식 없이, 소위 '본능(혹은 습관)'대로 행동이 이루어지곤 한다. 행위의 많은 부분이 분위기, 조직문화, 타성 등에 휩쓸리고 있다는 것을 의미한다.

건강한 안전의식을 가진 조직이라면 어떤 문제에 직면했을 때 그 대응방식을 능동선제(예측대응)적으로 바꾸어 가게 된다. 즉, 아차사고 교훈, 사고 교훈, 통계 분석으로부터 배워 관리 및 하드웨어 시스템을 지속적으로 개선하고, 협력업체와 외부기관과의 협력 시스템을 더욱 긴밀하게 개선하게 된다.

이에 따라서 안전문화형성 단계와 선진국 수준의 안전문화 수준의 차이를 비교하여 보면 〈표 4.6〉과 같다.

첫째, 사고재해 통계를 기초로 하여 큰 틀에서 법 기준을 개선한다.

기업은 내부적으로 재해통계와 아차사고 기록을 가지고 있으며 통계자료를 분석·관리한다. 아차사고, 재해조사보고서, 재해통계 등은 데이터이며, 이로부터 안전성 향상에 관련한 개선 방안에 대한 교훈을 알 수 있다. 특히, 특정 산업 내에서 사고 통계가 일정 수위를 넘어가면 공공 차원에서는 법 기준을 개정하여 보다 안전한 사회가 되도록 방향을 바꾸게 된다. 그 예로 미국 화학안전위원회(CSB, Chemical Safety Board)는 사고 발생 후 심층조사를 수행하고, 정부기관, 산업체 코드 기관, 각종 기준 관련 기관에 권고(안)을 보내 법령 및

표 4.6 안전문화 수준 차이 비교

구분	안전문화형성 단계	세계 수준의 안전문화
1	사고/재해 발생	모든 사고/재해는 예방 가능
2	안전은 우선순위의 일부분	안전은 가치
3	사고/재해는 근로자/종사자 책임	안전하게 일하는 것은 우리 모두의 책임
4	안전에 대한 제한적인 책임/의무	안전보건경영관리 시스템적 접근
5	핵심 성과지표 내에 안전항목 미포함	안전 핵심성과지표가 전 계층에 적용
6	안전작업에 대한 부족한 인식	안전작업에 대한 전근로자 및 감독자가 같은 인식
7	사고/재해 건 중 휴업발생 건만 조사	모든 사고/재해를 조사하여 후속조치 및 관리
8	따라야만 하는 안전수칙/규칙	"따르고 싶은 안전수칙/규칙"
9	계급적 문화가 걸림돌	계층과 관계없이 열린 대화의 장 운영
10	지시받은 사항만 관여	현장직원까지 전 관계자가 함께 참여
11	규정 준수에 중점을 둔 안전프로그램	모범사례에 중점을 준 안전보건프로그램
12	후행 지표로 평가 관리	선행지표를 통한 체계적인 추적관리

코드, 기준 등의 개정을 유도하고 있다. 바로 사고의 교훈으로부터 현행 법령이나 제도·기준의 개선이 이루어지는 것이다.

둘째, 건강한 안전의식을 가진 조직은 현실의 문제를 해결하기 위해 관리 및 하드웨어 시스템을 지속적으로 개선한다.

앞서 언급한 건강하지 못한 안전의식의 반대 모습을 그려보면 된다. 즉, '해야 할 바를 제대로 하고(업무 정의 명확, 교육 훈련 역량 확보)', '책임감이 확실하고(기본 인성과 상황 자각이 명확)', '개선할 바를 개선하는(신뢰에 근거한 능동적 조직문화)' 등 활동 모두가 이 지속적인 시스템 개선으로 나타난다. 이는 안전문화에서 리더십의 중요성을 언급하는 이유이기도 하다.

결국 시스템을 개선하기 위해서는 관리 및 하드웨어 시스템상의 각 요소에 대해 기준과 작동이 적절한지를 각 파트별로 지속적으로 분석, 평가한 후 개선하게 된다.

몇 가지 예로는 설계 변경(센서 및 보호 장치 추가, 원료주입방식 변경 등), 절차 변경(작업 전 확인방식 변경, 작업 상황 확인방식 변경), 교육 변경(교육내용, 방식변경, 부문 공통교육과 파트별 전문화 교육체계 확보) 등이 있다.

셋째는 기관 간 협력 시스템을 한층 긴밀하게 하고, 신뢰성과 예측 가능성을 높이는 것이다.

과거에는 원청회사, 협력회사, 공급기관 간 계약 조건에서는 가격이 중요한 비중을 차지했다. 하지만 4차산업 기술의 적용으로 인해 기관 간의 협력이 더욱 긴밀해진 지금은 비용이나 가격보다 오히려 시스템 연계를 통한 신뢰성 확보가 더 중요해지고 있다.

한 가지 예로는 협력회사가 파견하는 직원들의 수준과 역량을 원청회사가 모니터링하고 리스크 관리 차원에서 대응하기도 한다. 기관 간 협력 중 최근 중요한 이슈가 바로 50인 미만 기업체에 대한 개선 대책이다. 중소기업 안전관리자의 경우는 여러 업무를 맡을 수밖에 없고, 이런 상황은 업무 진행 중 작은 돌발 상황에도 취약할 수밖에 없다.

특히, 성숙한 안전의식을 바탕으로 사고로부터 배우고, 지속적으로 시스템을 개선하고, 외부 기관과의 신뢰 및 플랫폼을 기반으로 한 협력이 원활하게 이루어진다면 우리 산업현장의 안전성은 지금보다 더 크게 향상될 수 있을 것이라 기대한다.

안전의식 향상의 또 다른 중요성은 기업의 사회적 이미지를 높이고, 직원들의 소속감과 활력을 높일 수 있는 비재무 경영지표인 ESG(비재무 경영평가)와의 연관이다. 2~3년 전까지만 해도 권고사항 정도였던 지속가능성과 ESG가 2020년부터는 한국거래소 등을 통해 빠르게 도입되고 있는 점을 봐도 알 수 있다.

이 중 안전 지표는 S(Social)에 포함된다. 이는 팬데믹으로 인해 위축된 경제 체질을 개선하고자 자원의 현명한 사용과 사회구성원 간 존중과 보호, 운영 방식의 합리화 등을 나타내는 지표를 나타내는 것으로 생각한다. ESG는 사실 기업과 공공기관에 대한 사회적 이미지이며, 투명성과 신뢰도이다.

급변하는 국내외 변화 속에서 우리가 선진국으로 자리매김 하기 위해서는 무엇보다 현명하면서도 서로 협력, 의사소통하고, 합리적인 안전경영 패러다임으로의 전환이 중요하다. 점진적인 변화가 아니라, 이젠 완전히 새로운 방식으로 생각하고 안전성을 확보하여야 한다.

현시대의 키워드를 안전의식수준 향상(성숙)과 4차 산업기술 적용(현실 필요대응)으로 본다면 앞으로의 시대는 이 두 가지의 전환적(transformative) 도입이 무엇보다 중요하다는 점을 인식해야 한다. 회사조직 내외부적으로는 지속적인 시스템 개선이 일어나는 조직문화를 만들어 내고 활력있는 직원들에 의한 안전의식 수준향상이 이루어지도록 해야 한다.

1. 안전보건문화 활성화를 위한 기반조성 사업

안전보건문화 활성화를 위한 기반조성을 위한 사업단계는 안전보건문화 운동의 활성화를 위한 조직, 예산, 프로그램 등이 제대로 구축이 되어 있는지 등의 현황과 문제점 등을 파악하는 것이다. 시스템 구축단계의 사업추진은 1단계 사업기반 조성사업에서 정립한 지역 맞춤형 안전보건문화 운동을 노사 등 각 주체는 자기 역할에 맞게 구체적으로 시행해 나가야 한다. 시스템 정착단계에서는 노사참여형 안전보건 개선 우수사례 발표 및 워크숍 개최, 노사참여형 개선활동에 대한 성과 발표회 등을 통하여 우수사례를 모든 사업장에 전파하는 사업들을 추진하면 효과적으로 그 성과를 기대할 수 있다.

2. 안전문화 정착방안과 확산요령

안전문화 정착과 발전, 활성화 기반조성 및 확산 요령에 대하여 세계원자력위원회(INSAG)가 제시하는 안전문화 강화 핵심 7가지를 〈표 4.7〉에 제시한다.

표 4.7 안전문화 정착 접근법과 발전추진 요령

(1) 안전문화 정착 접근법	(2) 안전문화 발전 추진 요령
안전문화 강화 핵심 7가지 • 안전에 대한 전념 • 절차서의 활용 • 보수적인 의사결정 • 보고 문화 • 불안전한 작업조건에 대한 의의제기 • 학습하는 조직 • 의사소통의 방법 마련, 수행된 업무에 대한 책임에 있어서 투명성 유지 여부	안전문화 발전 추진방법 • 취약계층별, 업종별, 지역별, 대책을 수립, 조정, 통제할 수 있는 중앙 추진기구의 설치 · 운영 • 업종별, 지역별 취약계층별 민간단체와의 협력 • 파트너십에 의한 안전보건문화 운동의 공동추진 • 안전문화 정착을 위한 추진주체를 명확히 하고 사회운동차원에서 추진 • 전략적 목표와 추진방향을 설정하는 일
(3) 안전문화 활성화 기반 조성	**(4) 안전문화 확산 요령**
• 조직, 예산, 프로그램 등의 구축 여부와 현황 및 문제점 파악 • 시스템 구축 단계 사업 - 지역맞춤형 안전보건문화운동을 노사 등 각 주체는 자기 역할에 맞춤 - 구체적으로 시행 필요 • 시스템 정착단계사업 모든 조직에 전파 - 노사 여형 안전보건 - 워크숍 개최 - 개선활동 성과 발표회 등	• 사업주의 안전보건 문화에 대한 인식 제고 • 노사 안전보건문화교육의 활성화 - 활성화가 최우선 • 산업안전보건 위원회, 노사협의회 운영 • 안전보건문화 담당자의 역량 강화 • 안전보건 전문가의 역할 제고를 위한 지원방안 마련 • 소규모 사업장도 노사참여 활성화 방안 마련 • 참여형 안전보건활동 프로그램에 대한 지원강화 • 업종별, 규모별 적합한 노사 참여형 안전보건 사업 모델 개발

이 핵심사항을 참고하여 각각 기업에 적합한 요령을 적용 및 숙고하여 실천할 단계이다.

3. 안전문화 확산 방안에 대하여 집중

① 사업주의 안전문화에 대한 중요성의 인식제고가 우선적으로 필요하다.

② 노사참여를 통한 안전문화 교육을 활성화하기 위해서는 노사가 함께 참여하여야 한다. 또한 안전문화 촉진을 위한 가장 중요한 요소로 안전보건교육을 보다 활성화시키도록 한다.

③ 산업안전보건위원회 및 노사협의회 운영을 활성화하여 상호 의사소통이 되도록 노력한다.

④ 안전문화 담당 책임자 및 담당자의 역량을 강화시켜야 한다.

⑤ 안전보건 전문가의 역할을 제고하기 위한 지원방안을 마련해야 한다.

⑥ 소규모사업장에서도 노사참여 활성화 방안을 마련해야 한다.

⑦ 참여형 안전보건 개선활동 프로그램에 대한 정부 또는 해당 기관의 지원 강화가 필요하다.

⑧ 업종별·규모별 특성에 적합한 노사 참여형 안전보건사업 모델을 개발 및 실행해야 한다.

4. 안전 최우선의 안전문화 수준 향상 동참

우리나라는 1960년대부터 약 60년간 압축 고도성장을 통하여 경제성장이라는 기적을 이룬 유일한 나라이다. 자동차 경주에 비유한다면 앞만 보고 고속 질주를 하여 온 탓에 가정과 사회, 국가 전반에 걸쳐서 도처에 유해위험요인이

도사리고 있다. 또한 지금까지 각종 사고나 재해가 발생하면 안전불감증이라며 남 탓을 하고, 그 원인을 이해관계자에게 우선 돌리는 습관이 있다는 것도 지금까지 많이 보아왔다. 이제는 그간 우리의 안전에 대한 인식, 태도 및 관습 등 우리 사회와 국가가 전반적인 안전을 최우선의 가치로 두지 않고 앞만 보면서 달리기에만 급급한, 즉 안전문화의 수준이 낮다는 것에서 1차적인 원인을 찾아야 하며, 2차적으로는 이해관계자들에게 엄격히 책임을 묻고 어떻게 하면 동일한 사고/재해의 재발을 방지하고 사전에 선제적으로 예방할 수 있는가에 초점을 맞추어야 할 것이다.

안전은 지속가능한 사회와 국가발전을 위한 기본요소이다. 따라서 말로만 안전우선, 안전제일 아니고 모든 생활에서 안전이 개개인별로 체화되어 안전을 최우선시하는 의식개혁이 필요하다고 본다. 우리나라가 산업재해 왕국이라는 오명을 벗고 안전한 산업현장과 안전한 나라라는 자랑스러운 국가를 후대에 물려주기 위해서는 개개인부터 조직, 사회 및 전 국민이 일익을 담당하여 선도자가 되도록 전 국민 안전문화운동을 하는 방안을 고려할 수 있을 것이다. 이런 식으로 각오를 다져 우리 모두가 합심하여 인식, 태도, 관습, 의식 수준을 격상시키는 노력, 즉 안전문화 수준을 향상시키는 것이 그 해결방안의 첩경이므로 우리 모두 기초 기반 다지기부터 본격적으로 시작하여야 하겠다.

앞으로는 4차 산업혁명이 본격화될 것인바, 새로운 기술과 복잡, 다원화된 산업환경조건에 의하여 융합적인 유해위험요인들이 속출한다고 하더라도 사고/재해로 발전한 뒤 사후약방문격이 아닌 예방적 차원에서 사전 준비하고 철저히 대비하는 데 더 많은 시간과 노력이 필요한 시점이 되었다고 본다. 그간 경제가 눈부시게 성장한 이면에 미처 고려하지 못한 더 많은 허점과 반대급부의 문제점이 노출되는 국가가 아니라 기술발전과 더불어 탄탄한 ISO 45001, 안전보건경영시스템의 구축과 이행을 통한 안전한 가정과 일터, 안전한 사회, 안전한 나라를 만드는 데 동참하여야 하겠다.

현재 여러 산업현장에서 구호로 내걸고 습관화하고 있는 “안전하지 않으면 작업을 시키지도 말고, 안전하지 않으면 작업을 하지 않는 철칙”은 모든 경영자와 구성원들의 가치와 행동관습이 함께 실행되고 바뀔 때 정착될 수 있다고 본다. 안전 최우선의 문화를 발전, 성숙시키는 데 동참함으로써 안전문화의 꽃을 피울 수 있으리라 확신하면서 우리 모두 함께 나부터 “안전 최우선의 하루”를 만들어 갈 것을 제안드린다.

참고문헌

1장__

- 윤양배(2019), 안전문화 혁명, (주)지구문화
- 행정안전부 2023년 하반기 국민안전의식 조사결과, 2024.2.28.
- 범정부 국가안전시스템 개편 TF, 국가 안전시스템 개편 종합대책, 2023년 4월

2장__

- CEO스코어데일리
- KRX ESG 포털(esg.krx.co.kr)
- 산업통상자원부 K-ESG 가이드라인 v1.0, 2021년 12월
- 한국산업안전보건공단 http://www.kosha.or.kr
- 한국심사자격인증원 http://www.kar.re.kr
- 한국인정지원센터 http://www.kab.or.kr
- 황정웅, 기업의 안전보건경영시스템 이론과 실무 가이드, ㈜도서출판 성안당, 2021.7.29.
- 이승복, ISO 45001 국제표준 제정에 따른 안전보건경영시스템 구축 활성화 연구, 명지대학교 대학원 박사학위 논문, 2020년 8월

- 한상백, ISO 45001 안전보건경영시스템 인증유지 활동의 문제점과 개선방안, 한밭대학교 산업대학원 석사학위 논문, 2021년 2월
- 한국표준협회 http://www.ksa.or.kr
- ISO 45001, Occupational health and safety management systems, 2018
- 안전보건경영시스템–요구사항 및 사용지침 KS Q ISO 45001:2018, 산업표준심의회
- 중대재해감축로드맵, 관계부처합동, '22.11.30.

3장__

- 2023 안전보건나침반/제조업, 안전보건공단
- ISO Survey(2023.9)
- 한국인정지원센터 http://www.kab.or.kr
- 사업장 위험성평가에 관한 지침(고용노동부고시 제2023–19호, 2023. 5. 22)

4장__

- 고용노동부, 「산업재해 현황분석」 각년도 2015~2023.
- 통계청 통계개발원, 「한국의 안전보고서 2023」
- 관계부처 합동, 「국가 안전시스템 개편 종합대책」, 2023년 4월
- 통계청 통계개발원, 「한국의 사회동향 2023」, 2023년 12월
- 행정안전부, 「2022 재해연보」, 2024년 1월

안전한국 만들기
안전한 국가를 지향하는 안전보건경영시스템

저　　자　사회적책임경영품질원·KSR인증원
발 행 인　김지영
발 행 처　자유아카데미
주　　소　경기도 파주시 회동길 37-42
　　　　　파주출판도시
전　　화　031-955-1321
팩　　스　031-955-1322
홈페이지　www.freeaca.com
전자우편　main@freeaca.com(대표)
　　　　　editor@freeaca.com(편집)
　　　　　crm@freeaca.com(영업)
등　　록　제406-2003-017호, 1980. 7. 12
제1판1쇄　2024년 10월 23일 발행

ISBN 979-11-5808-644-2 93320